火山大国日本

必ず起きる富士山大噴火と超巨大噴火

この国は生き残れるか

巽 好幸
たつみ・よしゆき
神戸大学海洋底探査センター教授

さくら舎

はじめに

「なんか噴火多いよね、最近。大丈夫なの？」

このところ友人から、こんなことを尋《たず》ねられることが多い。確かに、２０１４年の御嶽山《おんたけさん》、２０１８年の草津白根山噴火では、噴《ふ》き飛ばされた岩石の直撃などで犠牲者が出た。また西之島《にしのしま》では新島が誕生し、記者会見した菅義偉《よしひで》官房長官が破顔一笑「領海が広がればいいな」とコメントしたことが忘れられない。その他、一大観光地の箱根でも、ごく小規模ながら噴火があって大騒ぎになったが、とりわけ九州で噴火が相次いでいる。阿蘇山《あそさん》、霧島の新燃岳《しんもえだけ》や硫黄山《いおうやま》、それに桜島は噴火を繰り返し、口永良部島《くちのえらぶじま》では全島避難となった。

この日本列島では、２０１１年3月11日に、千年に一度とも言われる超巨大地震が発生し、津波やフクシマの惨劇が起きた。だから人々は、相次ぐ火山活動もこの列島が「大地動乱期」に入ったためではないかと動揺する。それを見透かしたように、一部のマスコミや「専門家」が煽《あお》り立てる。

一方で、これまで幾度となく大地からの試練を乗り越えてきた日本人は、災禍の記憶を速《すみ》やかに消し去り、日々の生活に邁進するというスタイルを身につけてきたようだ。哲学者の磯部忠正は言う。

いつのまにか日本人は、人間も含めて動いている自然のいのちのリズムとでも言うべき流れに身をまかせる、一種の「こつ」を心得るようになった。己れの力や意思をも包んで、すべて興るのも亡びるのも、生きるのも死ぬのも、この大きなリズムの一部であると言う、無常観を基礎とした諦念《ていねん》である。(『「無常」の構造』)

しかし、ここで忘れてはいけないことがある。

日本人の歴史、いわゆる有史は「神話時代」を含めても1万年にも満たない。一方で、日本列島の地勢が現在の姿に定まったのは約300万年前。この時から現在まで、日本列島周辺のプレートは同じ動きを続けてきたし、これからもそれは続く。この1万年と300万年という大きなギャップの間に、日本人が経験したこともない超巨大噴火や大地殻変動が、何度もこの列島を襲ってきたのだ。だから、このような「天変地異」はこれからも必ず起きる。つまり私たちの子々孫々は、日本という国、日本人という民族の存亡の秋《とき》に必ず遭遇する運命にある。

にもかかわらず、ほとんどの人はこのような破局的な大変動を、ただただ有史以来に遭遇していないという理由だけで、「災害」とすら認識していない。そして、オリンピックや万博の高揚感に包まれている。私にはこの性癖《せいへき》は、中世の歌謡のアンソロジーである『閑吟集』に収められた、庶民が「無常観的諦念」の先に見た「享楽主義」と同じように思えてならない。

なにせうぞ　くすんで　一期《いちご》は夢よ　ただ狂へ
（そんな真面目くさった顔をして、どうしようというのだ、一生は夢なのだ、ただ楽しめ）

しかし、はたしてこれで良いのだろうか？　政府が推進する「国土強靭化」などというキャッチフレーズは、頼もしく聞こえるのだが、その中身を見ると、この国が世界一の変動帯に位置することをきちんと認識できていないことに愕然《がくぜん》とする。私たちはどのように、この大地の営みと付き合っていけばよいのだろうか？　本書ではこのことを思案する材料として、噴火や火山についてわかってきたことを、最新の科学に基づいて紹介することにしよう。

目次◎火山大国日本　この国は生き残れるか
——必ず起きる富士山大噴火と超巨大噴火

第3章　なぜ、日本には火山が多いのか

第4章　日本列島の巨大火山災害の恐怖

第5章　火山列島に暮らす危険値

日本列島の待機火山分布地図

日本列島にある、いつ噴火してもおかしくない「待機火山」
●は気象庁選定の「活火山」

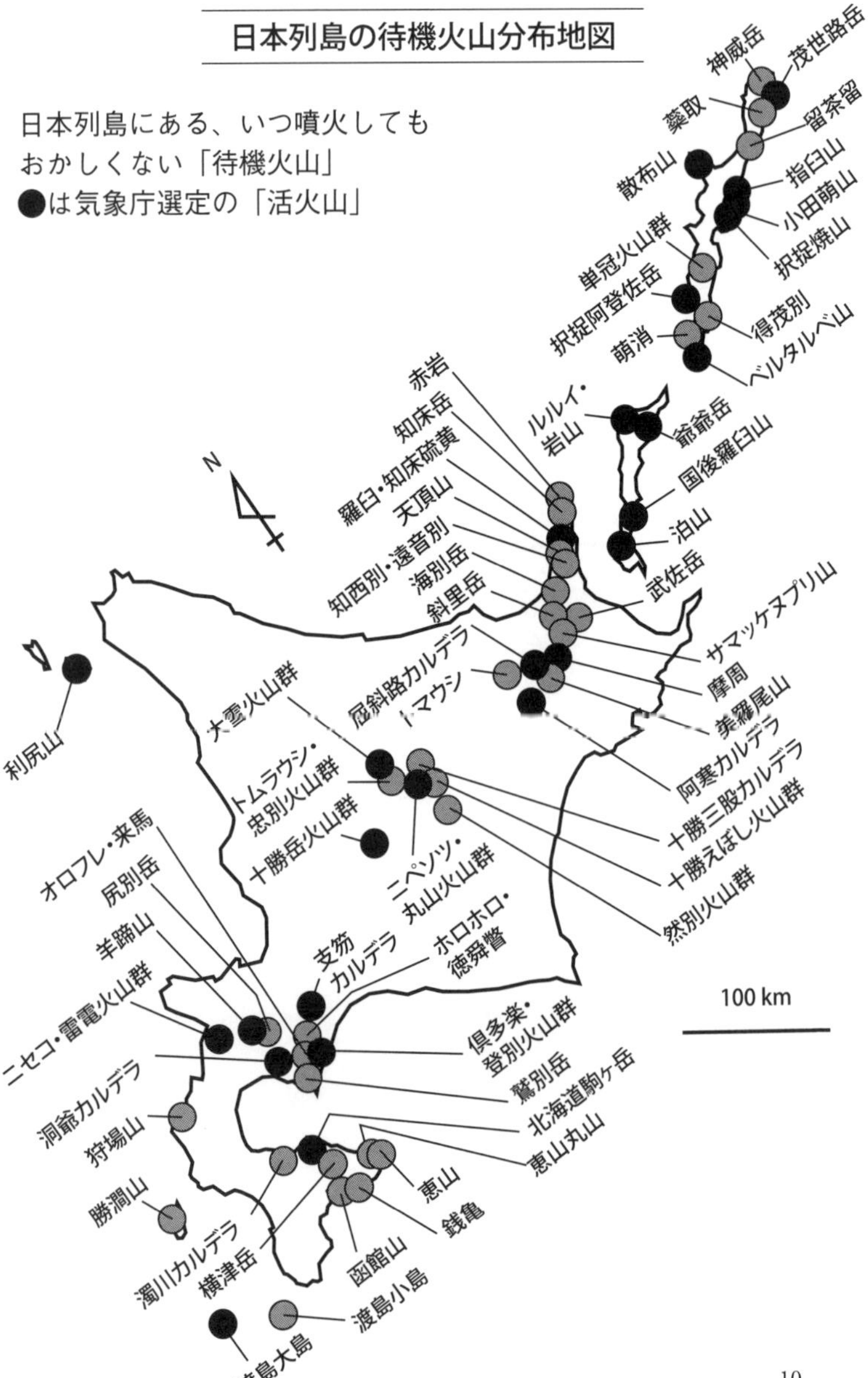

日本列島の待機火山分布地図

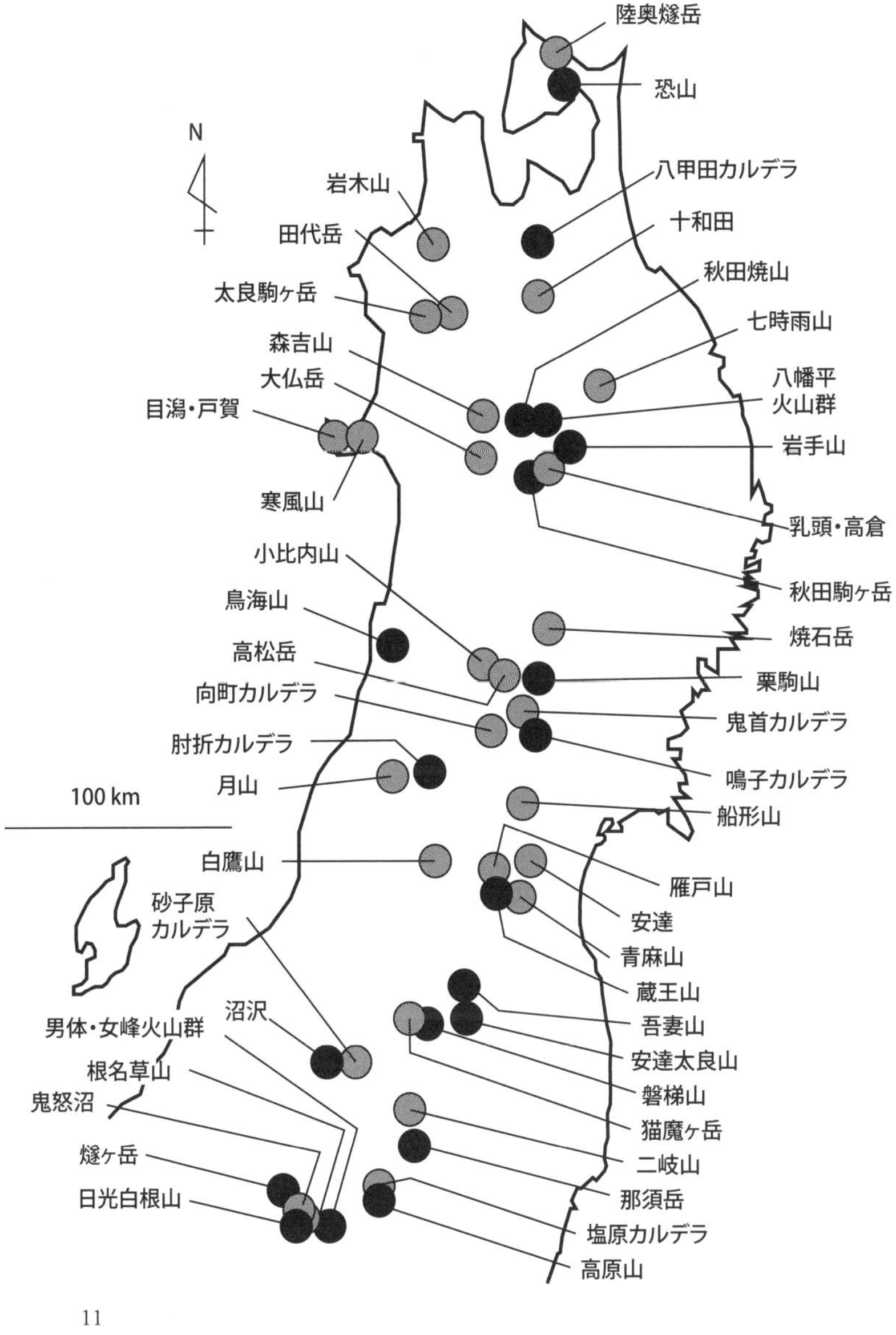

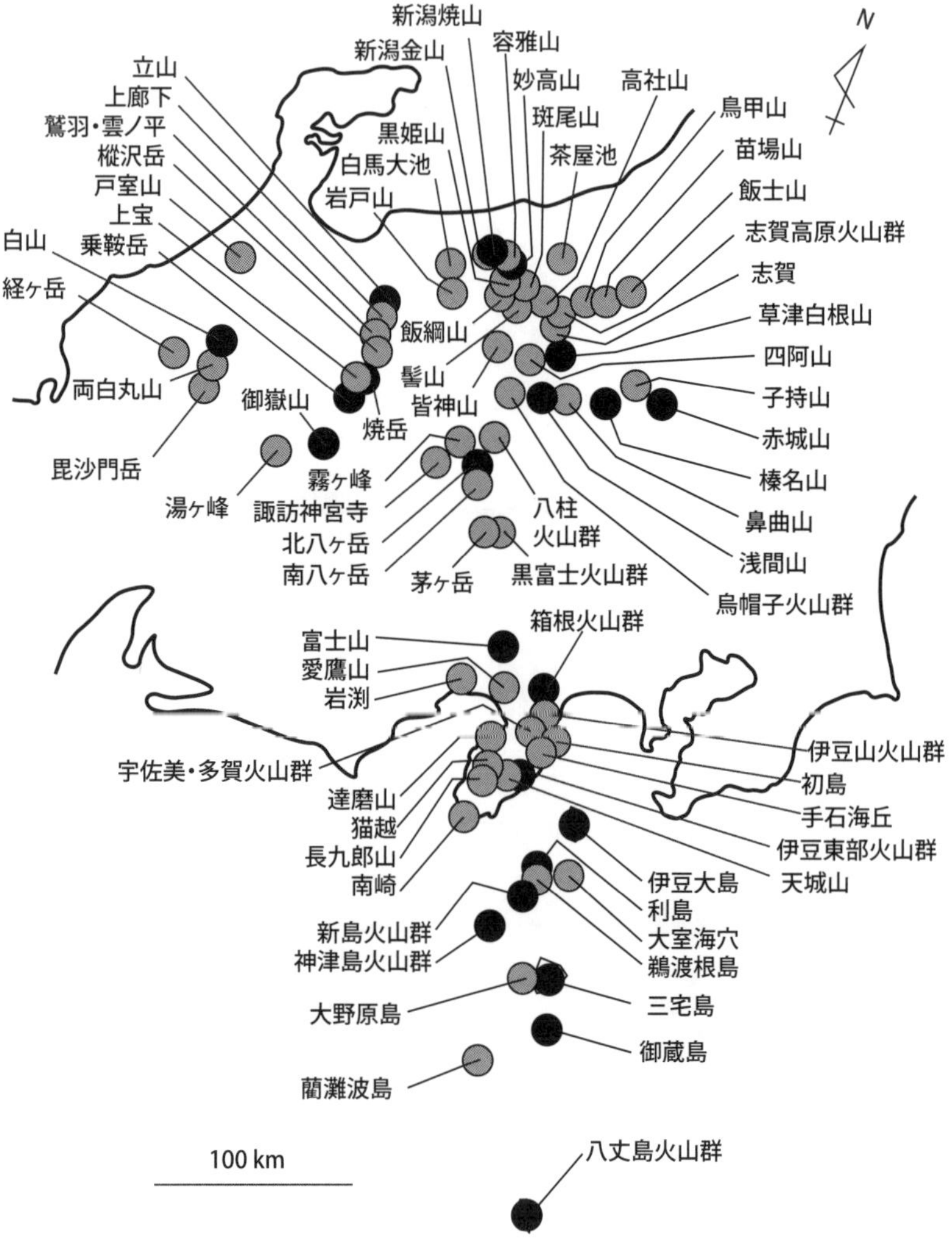
新潟焼山
容雅山
新潟金山
妙高山
高社山
立山
上廊下
斑尾山
鳥甲山
鷲羽・雲ノ平
黒姫山
縦沢岳
茶屋池
苗場山
白馬大池
戸室山
岩戸山
飯士山
上宝
志賀高原火山群
白山
乗鞍岳
志賀
経ヶ岳
草津白根山
飯綱山
四阿山
髻山
子持山
両白丸山
御嶽山
皆神山
赤城山
焼岳
毘沙門岳
霧ヶ峰
榛名山
湯ヶ峰
諏訪神宮寺
八柱
火山群
鼻曲山
北八ヶ岳
浅間山
南八ヶ岳
茅ヶ岳
黒富士火山群
烏帽子火山群
箱根火山群
富士山
愛鷹山
岩渕
伊豆山火山群
宇佐美・多賀火山群
初島
達磨山
手石海丘
猫越
伊豆東部火山群
長九郎山
南崎
伊豆大島
天城山
利島
新島火山群
大室海穴
神津島火山群
鵜渡根島
三宅島
大野原島
御蔵島
藺灘波島
八丈島火山群
100 km
N

日本列島の待機火山分布地図

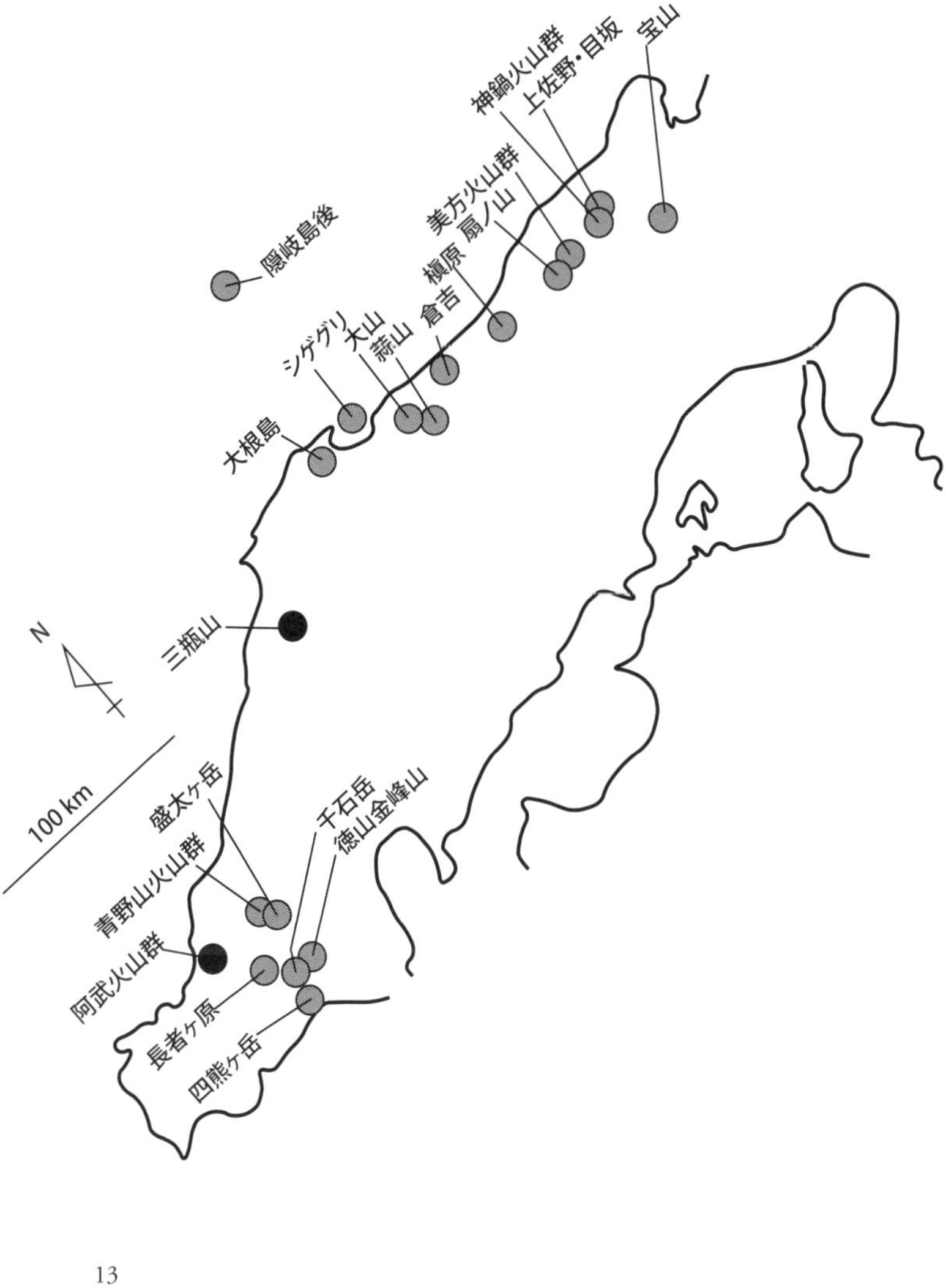

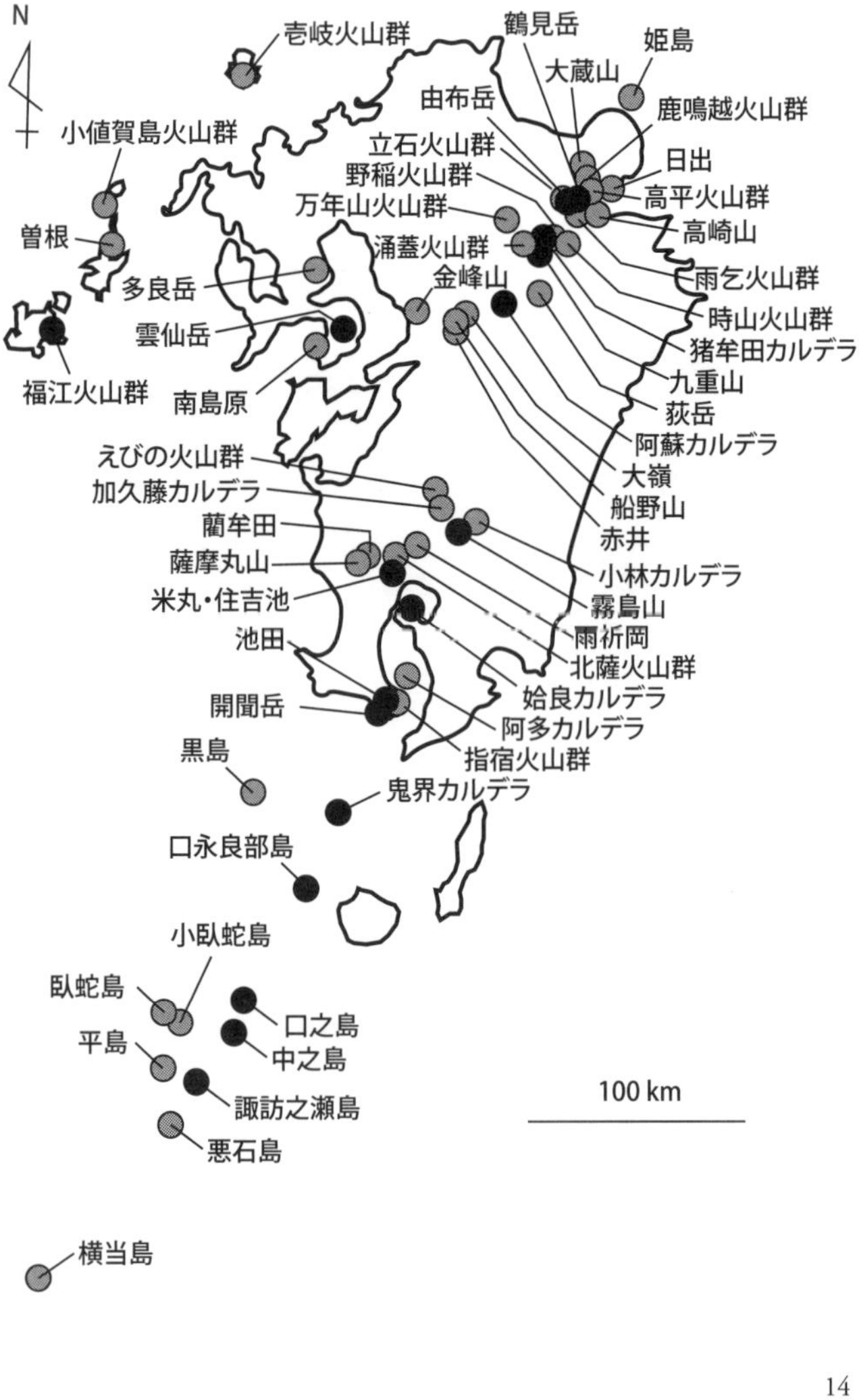
N
壱岐火山群
小値賀島火山群
曽根
多良岳
雲仙岳
福江火山群
南島原
鶴見岳
姫島
大蔵山
由布岳
鹿嶋越火山群
立石火山群
日出
野稲火山群
高平火山群
万年山火山群
高崎山
涌蓋火山群
雨乞火山群
金峰山
時山火山群
猪牟田カルデラ
九重山
荻岳
阿蘇カルデラ
大嶺
船野山
赤井
えびの火山群
加久藤カルデラ
藺牟田
薩摩丸山
米丸・住吉池
池田
開聞岳
小林カルデラ
霧島山
雨祈岡
北薩火山群
姶良カルデラ
阿多カルデラ
指宿火山群
黒島
鬼界カルデラ
口永良部島
小臥蛇島
臥蛇島
平島
口之島
中之島
諏訪之瀬島
悪石島
100 km
横当島

日本列島の待機火山分布地図

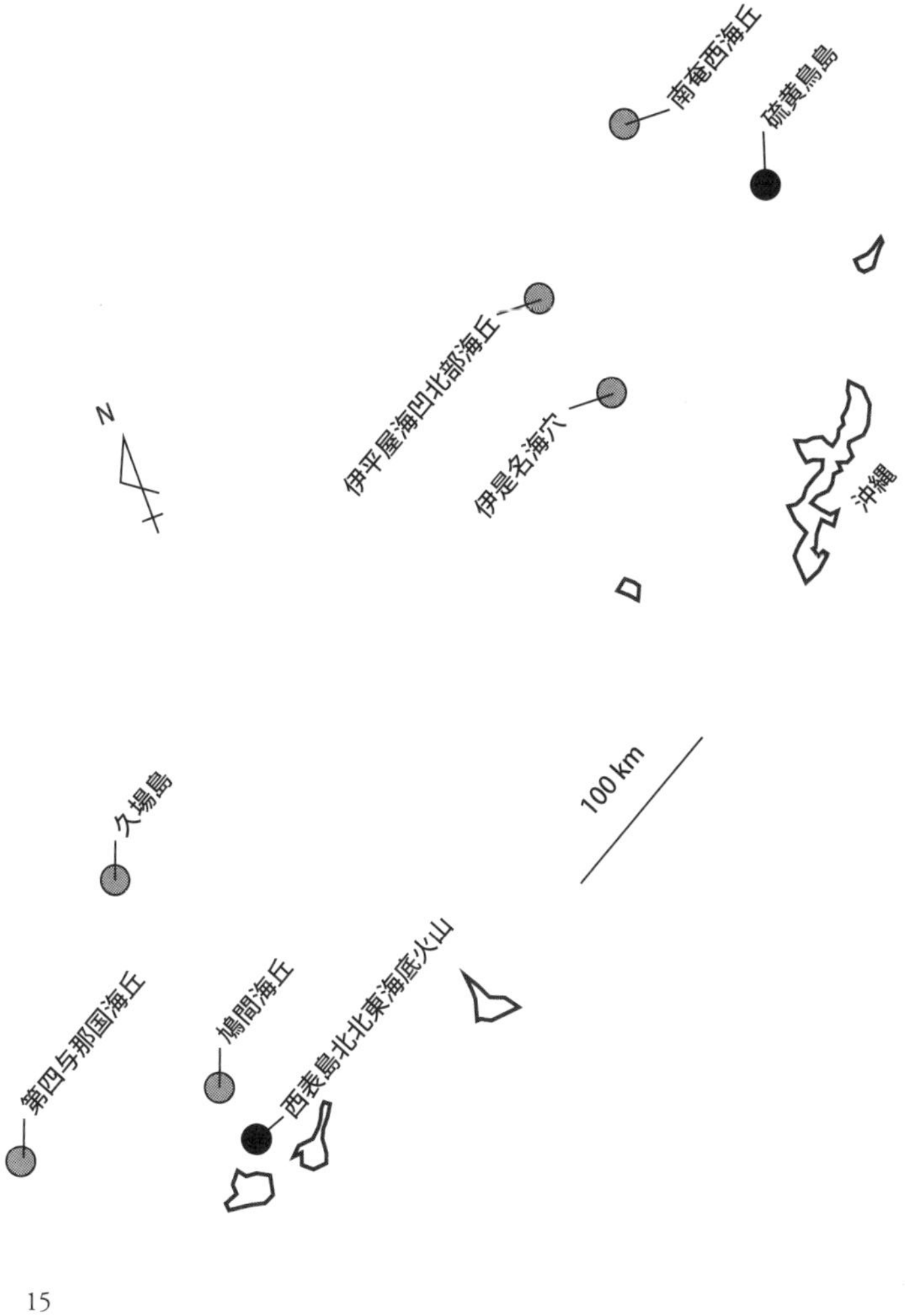

火山災害カレンダー

771年以降

噴火した日がわかっている、
噴出量１万トン（4000km^3）
以上の噴火を示している

Mは、噴火の規模を
示す噴火マグニチュ
ード（本文参照184
ページ

2019　1　January

月	火	水	木	金	土	日
31	1　元日	2	3	4 1532年 浅間山、M2.0	5	6
7	8	9	10	11 1909年 樽前山、M3.7	12 1914年 桜島、M5.6	13
14　成人の日	15	16	17	18	19 2011年 霧島山、M3.8	20
21	22 1732年 岩手山、M3.2 1925年 草津白根山、M2.5	23 1769年 有珠山、M4	24	25	26	27 1811年 三宅島、M3.7
28 1235年 霧島山、M4.4	29	30	31	1	2	3

2019　2　February

月	火	水	木	金	土	日
28	29	30	31	1 1973年 浅間山、M2	2 2009年 浅間山、M0.5	3
4 1712年 三宅島、M2.4	5	6	7	8 1874年 樽前山、M3.4	9	10 1792年 雲仙岳、M3.7
11 建国記念の日	12	13 1959年 霧島山、M2.9	14 1684年 伊豆大島、M4.5	15 1908年 浅間山、M1.5	16	17
18	19	20	21 1678年 秋田焼山、M2.4	22 1600年 岩木山、M3.0	23 1912年 伊豆大島、M3.9	24 1408年 那須岳、M4.1
24	26	27	28 867年 鶴見岳・伽藍岳、M1.0	1	2	3

2019　3　March

月	火	水	木	金	土	日
25	26	27	28	1 1974年 鳥海山、M1.0	2 1976年 草津白根山、M0.2	3
4	5 1996年 北海道駒ケ岳、M1.1	6	7 1984年 海徳海山、M2.5	8	9 1946年 桜島、M4.3	10
11	12 1822年 有珠山、M4.4	13	14	15	16	17
18 1956年 雌阿寒岳、M1.0	19	20	21　春分の日	22	23 1863年 岩木山、M1.0	24
25 1938年 浅間山、M1.7 874年 開聞岳、M4.4	26 1686年 岩手山、M3.9	27	28	29	30	31 2000年 有珠山、M2.0 1643年 三宅島、M3.5

2019　4　April

月	火	水	木	金	土	日
1	2	3	4	5	6	7
8	9	10 1783年 青ヶ島、M3.2 1716年 霧島山、M4.3	11	12	13	14 788年 霧島山、M4.1
15	16 1940年 蔵王山、M1.0	17	18 1746年 焼岳、M2.0 1785年 青ヶ島、M3.4	19	20	21 1963年 阿蘇山、M0.3
22 1853年 有珠山、M4.5	23	24	25	26 1982年 浅間山、M1.5	27	28
29　昭和の日	30	1	2	3　憲法記念日	4　みどりの日	5　こどもの日

2019 5 May

月	火	水	木	金	土	日
29 昭和の日	30	1 871年 鳥海山、M3.8 1596年 浅間山、M3.0	2	3 憲法記念日	4 みどりの日 1936年 知床硫黄山、 M1.4	5 こどもの日 1421年 伊豆大島、M4.8
6 振替休日	7	8 1783年 浅間山、M5.1	9	10	11	12
13	14 1978年 樽前山、M0.6	15	16	17	18	19 1893年 吾妻山、M1.7
20	21	22	23	24	25	26
27	28	29 1694年 蔵王山、M3.0	30	31	1	2

2019 6 June

月	火	水	木	金	土	日
27	28	29	30	31	1	2
3	4 1893年 吾妻山、M1.7	5	6 1915年 焼岳、M2.0	7	8 1874年 恵山、M1.0 1959年 硫黄鳥島、M2.0	9
10	11	12	13	14	15	16
17 1929年 北海道駒ケ岳、M4.5 1962年 焼岳、M2.0	18	19	20	21	22 1721年 浅間山、M1.0	23 1944年 有珠山、M4.0 832年 三宅島、M3.2
24	25	26	27 2000年 三宅島、M3.4	28	29 1962年 十勝岳、M3.9 886年 新島、M5.3	30

2019 7 July

月	火	水	木	金	土	日
1 1881年 那須岳、M1.8	2 2005年 福徳岡ノ場、 M1.9	3 1874年 三宅島、M3.6	4	5	6 1947年 浅間山、M1.0	7
8	9 771年 鶴見岳・伽藍岳、 M1.0	10	11	12 1940年 三宅島、M3.5	13 1989年 伊豆東部火山群、 M1.0	14 1973年 爺爺岳、M4.3
15　海の日 1888年、磐梯山、M2.0 1919年、岩手山、M1.0 1902年、草津白根山、M1.7	16 1950年 伊豆大島、 M3.8	17 1900年 安達太良山、 M2.5	18	19	20	21
22	23	24	25 1910年 有珠山、M2.5	26	27	28 1544年 燧ヶ岳、M2.4 1974年 新潟焼山、M1.8
29	30	31 1640年 北海道駒ケ岳、 M5.5	1	2	3	4

2019 8 August

月	火	水	木	金	土	日
29	30	31	1	2	3	4
5	6 1882年 草津白根山、 M2.7	7 1977年 有珠山、M4.0	8	9	10	11　山の日 838年 神津島、M5.2 1938年 伊豆大島、M1.0
12　振替休日	13	14	15	16 1663年 有珠山、M5.4	17 1763年 三宅島、M4.2 1939年 伊豆鳥島、M3.8	18 1739年 樽前山、M5.6 1741年 渡島大島、M4.1 1961年 浅間山、M1.0
19 1759年 渡島大島、M2.0	20	21	22 1895年 蔵王山、M1.6 2008年 霧島山、M1.3	23	24 1694年 北海道駒ケ岳、M4.6 1962年 三宅島、M3.2	25 885年 開聞岳、M4.5
26	27	28	29 1108年 浅間山、M5.2	30 1949年 秋田焼山、 M1.5	31 1777年 伊豆大島、 M4.7	1

2019 9 September

月	火	水	木	金	土	日
26	27	28	29	30	31	1 2004年 浅間山、M1.2 2014年 阿蘇山、M2.4
2	3	4 2000年 北海道駒ケ岳、 M1.1	5	6	7	8 1926年 十勝岳、M0.1
9	10	11	12	13	14	15
16　敬老の日	17 1934年 薩摩硫黄島、 M4.8	18 1970年 秋田駒ケ岳、M3.5 1929年 浅間山、M1.5	19	20	21	22
23 秋分の日 1667年 樽前山、M5.4 1950年 浅間山、M1.0 885年 開聞岳、M4.5	24 1856年 北海道駒ケ岳、 M4.3	25	26	27	28 1980年 口永良部島、 M1.0	29
30	1	2	3	4	5	6

2019 10 October

月	火	水	木	金	土	日
30	1 1932年 草津白根山、 M0.2	2	3 1958年 浅間山、M1.7 1983年 三宅島、M3.5	4	5 1953年 伊豆大島、M1.8	6
7 1552年 伊豆大島、M4.6 850年 三宅島、M4.3	8	9	10	11 1995年 九重山、M0.4	12	13 1955年 桜島、M4.6
14　体育の日	15	16	17	18	18	20
21	22	23 1957年 阿蘇山、M1.4	24	25 1998年 北海道駒ケ岳、M0.7 1471年 桜島、M5.0	26 1982年 草津白根山、 M0.7	27 1605年 八丈島、M3.1
28 1979年 御嶽山、M2.7	29 1997年 新潟焼山、M0	30	31 1924年 西表島北北東 海底火山、M4.4	1	2	3

2019 11 November

月	火	水	木	金	土	日
28	29	30	31	1	2	3 文化の日
4 振替休日	5	6	7	8 1779年 桜島、M5.0	9	10 1835年 三宅島、M2.0
11	12	13 1934年 浅間山、M1.8	14	15 1986年 伊豆大島、M3.9	16 1942年 北海道駒ケ岳、M2.3 1987年 伊豆大島、M0.6	17 1990年 雲仙岳、M4.8
18 1942年 北海道駒ケ岳、M2.3 2008年 雌阿寒岳、M0.1	19 1955年 雌阿寒岳、M0.5	20 1944年 栗駒山、M0.5	21 1996年 雌阿寒岳、M0.6	22 1595年 三宅島、M2.4	23 勤労感謝の日	24
25	26	27 1937年 草津白根山、 M2.7	28 2008年 雌阿寒岳、 M0.1	29	30	1

2019 12 December

月	火	水	木	金	土	日
25	26	27	28	29	30	1
2 1898年 丸山、M2.0	3	4	5	6	7	8 1922年 伊豆大島、M3.2
9	10 1988年 十勝岳、M1.8	11 1663年 雲仙岳、M3.1	12	13	14	15
16	17	18	19	20	21	22
23 1967年 硫黄島、M1.0	24 1469年 三宅島、M2.7	25	26	27 1876年 伊豆大島、M2.3	28 1988年 阿蘇山、M3.1	29
30	31	1 元日	2	3	4	5

火山大国日本　この国は生き残れるか

――必ず起きる富士山大噴火と超巨大噴火

第１章　３００もの火山が密集する日本列島

「死火山」「休火山」はもはや死語、増え続ける活火山

世界の火山研究をリードする機関のひとつである米国のスミソニアン博物館によると、地球上には約1500の活火山が存在する。その多くは太平洋の周囲にあり、「火の環《わ》」とか「環太平洋火山帯」と呼ばれることもある。日本列島もその環の上にあり、111、つまり世界の全活火山の約7%が集中している。日本の国土は世界の1%にも満たないのだから、この国は間違いなく世界一の「火山大国」である。

こんな火山大国に暮らす人々の火山に対する認識は、おおよそこんなものではなかろうか。桜島のように今も噴煙を上げていたり、浅間山のようにたびたび噴火する火山は「要注意」。でも、噴火してもきっとなんとかなる。活火山と呼ばれていても、これといった活動をしていない火山は「まあ大丈夫」。景色もよいし、温泉でも参りましょ。

だが、この認識は火山の一生や寿命を考えると明らかに間違っている。まずこのことをしっかり頭に入れていただこう。

イメージが湧きやすい単語は、一度私たちの記憶の箱に入ってしまうと、なかなか抜けないものだ。その典型が、活火山、休火山、死火山という火山の分類法だろう。これは、明治〜大正時代に地質学者や地理学者が使い始めたものだ。歴史時代に活動の記録がないものを「死火山」、活動記録はあるが現在活動的でないものは「休火山」、そして現在活動中のものを「活火山」としたのだ。ただし当時から、「しかし此の區別は學術上全く價値のないといふのは消火山（死火

山）と認められた山でも俄然活動を再開することがあるからである」（横山又次郎『地質學攬要』）との認識はあった。しかし１９６０年代までの地理や理科の教科書には、この分類法に基づいた解説が残り、小・中学生の貪欲な頭に刷り込まれていったのだ。

さすがに、この分類の不合理性を認識した気象庁は、１９６０年代半ばから噴火記録のある火山や活発な噴気活動がある火山をすべて「活火山」とした。例えば、１９６８年に発行された気象庁職員のための「火山観測マニュアル」では、従来「休火山」とされていた富士山を「活火山」リストに掲載した。この流れを決定づけたのが、死火山とされていた御嶽山《おんたけさん》が１９６８年から活発な活動を始めたことだった。

そこで気象庁は１９７５年に、休火山・死火山という分類は破棄して、活火山のみを定義するようになった。その定義は「噴火記録のある火山及び現在活発な噴気活動のある火山」で、この定義に従って77の活火山を選定した。しかし当然ながら「噴火記録」は、人間が目撃して、そして記録するという２つの条件が揃わねばいけないので、科学的な根拠とは言えない。そこで１９９１年には「過去およそ２０００年以内に噴火した火山及び現在活発な噴気活動のある火山」と定義し直した。その際に、活火山数は88に増えていた。

さらにその後、世界的にも２０００年以上の休止期間をおいて噴火する火山もあることが広く知られるようになり、国際的には１万年以内に噴火した火山を「活火山」とするのが主流となってきた。１万年という数字は、最終氷期が終わり温暖な気候となった「完新世」という地質時代の始まり（現状では、1万1700年前）に相当する。

そこで、気象庁が事務局を務め、気象庁長官への諮問《しもん》機関的性格も持つ火山噴火予知連絡会は2003年に、「概《おおむ》ね過去1万年以内に噴火した火山及び現在活発な噴気活動のある火山」を「活火山」と再定義し、気象庁もこれに従うこととなった。

近い将来、日本の活火山数が112になる可能性も

この定義が適用され始めた時には、活火山の数は108であったが、その後火山学的な研究が進むにつれてその数は増え続け、2011年に2火山（北海道にある天頂山、雄阿寒岳《おあかんだけ》）、2017年に1火山（栃木県の男体山《なんたいさん》）が新たに選定された。現在では活火山の数は111である。

もちろん、新たに追加された火山で急に活動が活発になったり、噴火の危険性が高まったわけではない。あくまで1万年以内に噴火したという科学的な証拠が見つかっただけだ。

最近の私たちの調査で、九州南方の鬼界海底カルデラ内に、7300年前以降に桜島3個分に匹敵する巨大な溶岩ドームが誕生したことが明らかになった。このカルデラでは、噴煙を上げる薩摩硫黄島《さつまいおうじま》が活火山に指定されているのだが、新発見の溶岩ドームも活火山の定義に当てはまるので、近い将来、日本の活火山数は112になる可能性もある。

図1－1に現在指定されている活火山を示す。この図を見ると、けっして活火山が日本列島に満遍なく分布しているわけではないことがわかるだろう。近畿や四国地方には活火山がまったく

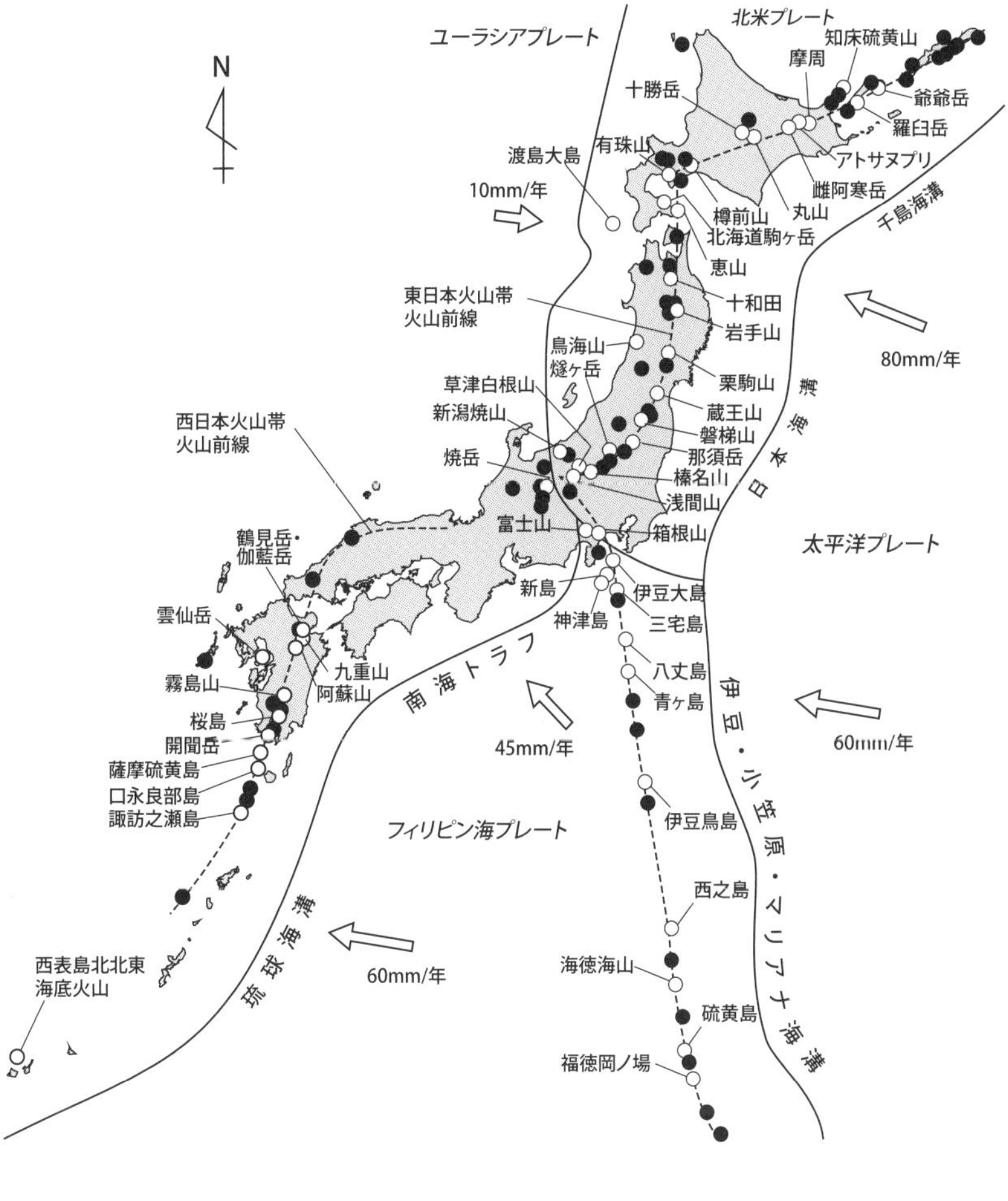

図１－１　日本列島の活火山。白丸は有史以降に噴火した火山

ないし、中国地方にも数少ない。火山が多いというイメージが強い九州でも、福岡県と佐賀県には活火山は見当たらない。さらに、活火山は列島や海溝に沿って帯状に分布しているのも特徴だ。そのために明治時代から「○○火山帯」という言葉が用いられてきて、今でも地理の教科書や地図帳にはそれらが示されていることもある。

　このような火山の分布は、日本列島周辺のプレートの配置と密接に関連している（図1－1）。後に詳しく述べることにするが、ほぼすべての日本列島の火山は、プレートの沈み込みによって誕生する。このことに注目すると、日本列島の活火山は大きく2つの火山帯、つまり太平洋プレートの沈み込みで造られる「東日本火山帯」と、フィリピン海プレートの運動によって造られる「西日本火山帯」の2つに分類することができる（図1－1）。これらの火山帯では、その海溝側の境界は明瞭だ。あるラインより海溝側には火山は出現していない。このラインのことを「火山前線」と呼ぶ（図1－1）。

　さて1万年という年代は、日本列島では縄文時代の開始とほぼ一致する。だから遺跡に残る火山灰層の年代を、出土する土器などの特徴から推定できることが多い。そしてその火山灰層の分布や厚さの変化などから、火山灰を噴《ふ》き上げた火山を特定できることもある。火山灰は噴火地点から離れるほど薄くなるし、その中に含まれる粒子も細かくなる傾向があるからだ。加えて、この年代範囲ならば、炭素の放射崩壊を用いて高精度の年代測定を行うことができる。したがって、比較的信頼性の高いデータに基づいて活火山を認定することができるのだ。

しかし、そもそも1万年という年代は、気候変動に基づいて定められた地質時代の始まりを表すものであり、けっして火山の活動期間、いわば「寿命」と関連があるわけではない。つまり1万年という判定基準も、かつて使われていた「有史時代」という人間の身勝手な判断基準と「五十歩百歩」かもしれない。

活火山を指定する目的は、その火山がいつ噴火してもおかしくないことを示して、人々に注意を喚起することだ。逆に言えば、多くの人は活火山以外の火山は噴火する心配はないと信じ込んでいることになる。はたしてそれは正しいのだろうか？

活火山以外は大丈夫？　火山の寿命は100万年

現在用いられている活火山の定義が、火山の一生を考慮したものでないことはおわかりいただけただろうか。では噴火の危険性のある火山かどうかは、どのようにして判断すればよいのだろうか？　その手段のひとつは、「火山の寿命」もしくは「火山活動の継続時間」を基準にすることだ。

日本の火山、特に第四紀（今から260万年前から始まる地質時代）に活動した火山については、国の研究機関である産業技術総合研究所地質調査総合センター（旧地質調査所）が、データベースを公表している。(https://gbank.gsj.jp/volcano/)。もちろんまだすべての火山について正確な情報が網羅されているわけではないが、このデータベースの中に「活動年代」という項目がある。その火山がいつ活動したかが示されているのだ。だから、このデータベースに基づいて、活火山の最も古い活動年代を調べれば、火山の寿命をおおよそ推定することができるはずだ。

活火山の中でも小さいものは、一度きりしか活動しない「単成火山」だったり、まだ成長段階にある可能性がある。そこで火山の寿命を調べるには、「立派に成長した」火山を対象とした方がよい。ここでは、山体の体積が40立方キロメートル以上の大型の活火山について調べてみた。例えば、火山帯の名前にも用いられる那須火山が、ほぼこの大きさである。

図1－2をご覧いただこう。大型活火山はすべて数十万年以上前から活動を始めている。そして100万年以上も活動を続けている火山もある。もちろんこれらの火山の中にも、まだまだ青年期や壮年期のもの、つまりこれからも長い間活動を続けるものもあろう。そう考えると、火山の寿命は少なくとも100万年程度と考えるのが妥当である。

では、この100万年という数字は、何を意味しているのだろうか？　現時点で多くの研究者が受け入れている火山の地下の様子（図1－3）を参考にしながら、その意味を考えてみることにしよう。

そもそも火山とは、なんらかの原因で地下の岩石が融《と》けてできた「マグマ」が、地表に噴《ふ》き出したものだ。このマグマは、日本列島のような「プレート沈み込み帯」では、おおよそ100キロメートル以上の深さで発生する。詳しい話はまた後ほどにするとして、こんなに深い地下でできたマグマが、直接地表まで上がってくるわけではない。

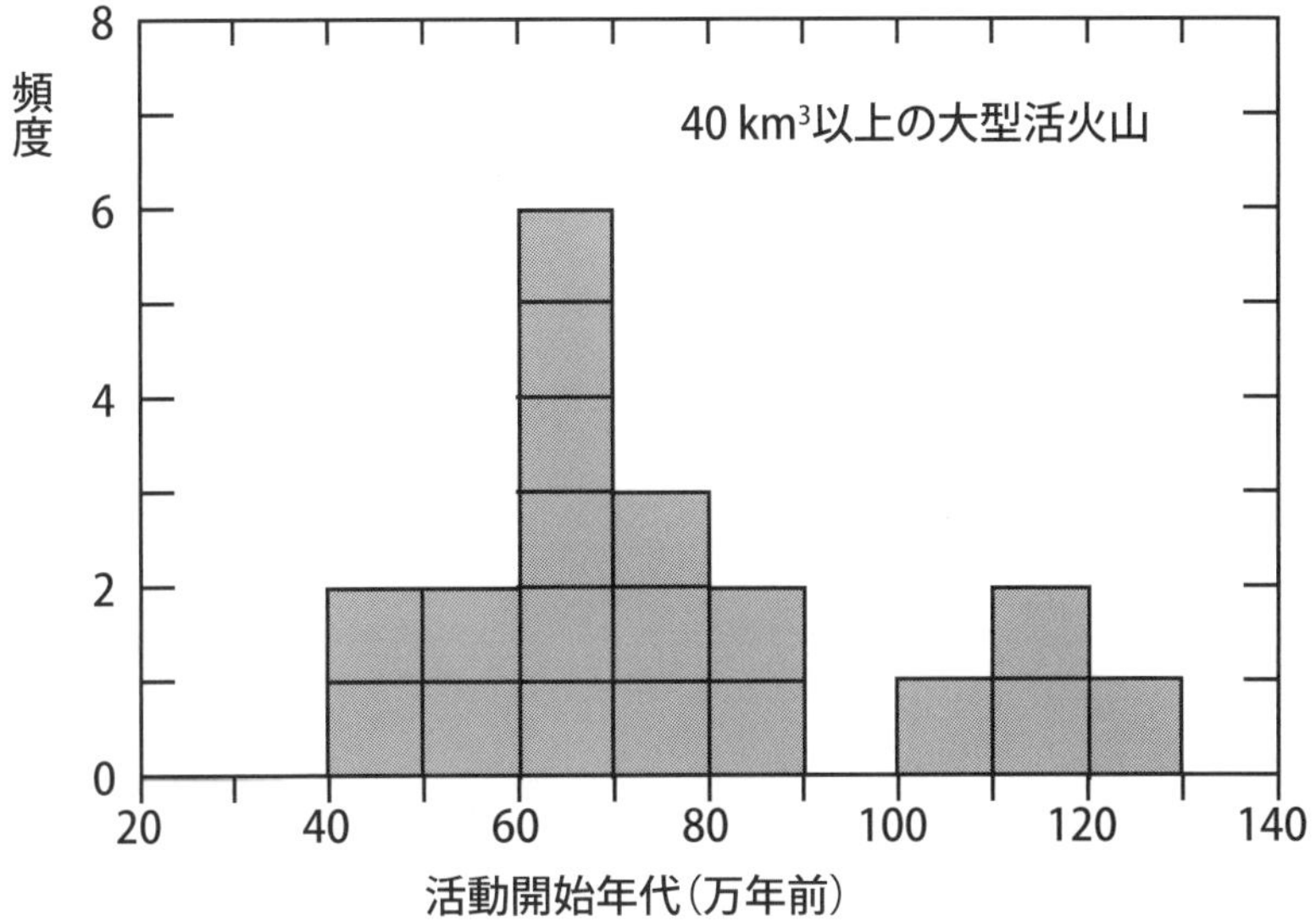

図１－２　日本列島の大型活火山が活動を開始した年代
火山が100万年以上の寿命を持つことがわかる

地球の表層を作っている層は「地殻」と呼ばれている。日本列島では約30キロメートルの厚さがある。そしてその下には、厚さが３０００キロメートル近くの「マントル」がある。地球上の多くの火山の地下では、このマントルの岩石が融《と》けることで、マグマが作られている。マグマは液体であるので、周囲のマントルを作る固体の岩石と比べると軽い。だからマグマには浮力が働いて、地表めがけて上がろうとする。しかし、まだこの時点ではマグマは上昇できない。なぜならば、マグマの量が少なく、マントルの岩石を構成する鉱物と鉱物の隙間に閉じ込められた状態にあるからだ。

一方で、マグマを内在して一部が融けたマントル物質は、融けていない完全固体のマントルに比べると、マグマの分だけ軽くなる。固体ではあるが対流できるほどに柔らかいマントルでは、このように軽くなった部分が玉コロのような形をして上昇を始めるのだ。この玉コロ状の物質は「マントルダイアピル」と呼ばれる。

ダイアピルとは、もともとギリシャ語で「貫入する」とか「貫通する」という意味だ。このダイアピルが上昇を始める過程は、後にもう一度説明する。マグマを含むマントルダイアピルは、地殻とマントルの境界である「モホ面」まで達すると、浮力を失ってしまう（図1－3）。地殻はマントルに比べて密度が低い、つまり軽いからだ。だから地殻は、マントルの上に浮き続けている。

火山の地下で起きている、さまざまなプロセス

さて、マントル深部から上昇してきたマントルダイアピルは、地殻の底にぶち当たると、もはやそれ以上上昇できない。一方で、マントルダイアピルの中にある軽いマグマは、ダイアピルが上昇している間に、だんだんと量が増えてきて、地殻の底までダイアピルが達した時点ではスルスルと地殻内へと上がっていくことができる。また、マントルダイアピルは摂氏1300度を超える超高温であるために、衝突した地殻の底を融かしてしまう。このようにして、地殻の底で新たなマグマが発生する（図1－3）。この「マグマ発生域」では、温度の違いによって、主要成分である「二酸化ケイ素」を50％程度含む「玄武岩質マグマ」から、70％を超える「流紋岩質マ

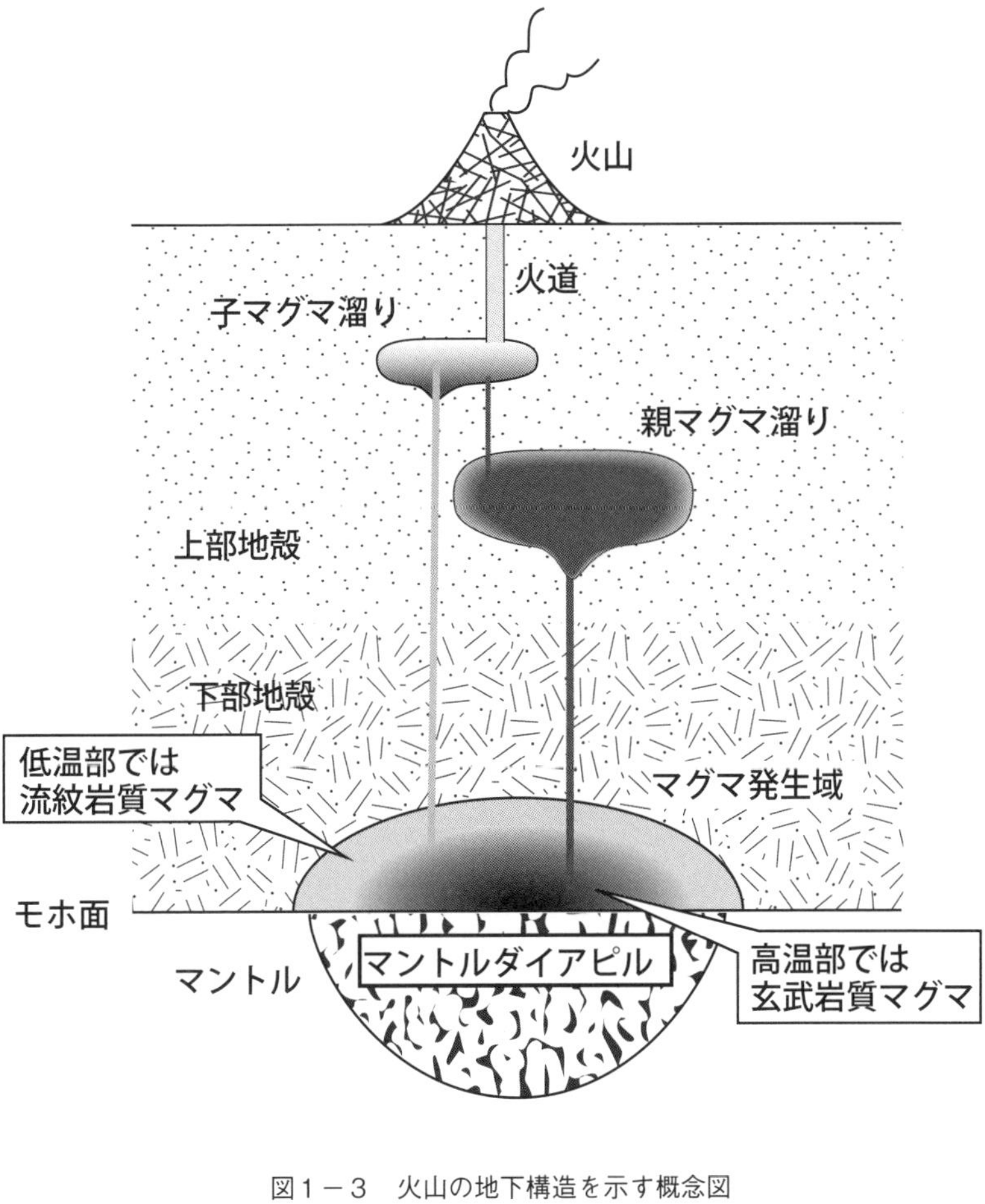

図1－3　火山の地下構造を示す概念図

グマ」まで、多様なマグマが作られている（図1－3）。

　これらのマグマは、いずれも下部地殻の岩石と比べると軽いために浮力が働き、地表めがけて上昇を始める。地殻を構成する岩石は、浅くなるほど低密度、つまり軽くなっている。一方で、二酸化ケイ素はマグマ中の他の成分と比べて軽いために、これを多く含む流紋岩質～安山岩質のマグマは、比較的浅い所、おおよそ2～3キロメートルの深さまで上がってくると、そこで周囲の岩石と重さが釣り合って「子マグマ溜《だま》り」を形成する。一方、二酸化ケイ素成分が少なく、比較的重い玄武岩質マグマは、それよりは深い所、おおよそ数キロメートルから10キロメートル程度の深さで浮力を失い「親マグマ溜り」を作る（図1－3）。

　多くの場合「子マグマ溜り」が火山の噴火に直結していて、ここに親マグマ溜りから玄武岩質のマグマが注入されることが、噴火のきっかけとなる。このことは、また後で詳しくお話しすることにしよう。

　このような火山の地下で起きているプロセスのうち、何が100万年という火山の寿命を決めているのだろうか？　噴火に直結する子マグマ溜りはそのサイズが小さく、新たにマグマの供給がなければ、すぐに（1万年程度）冷えて固まってしまう。それと比べると、親マグマ溜りや、地殻の底のマグマ発生域はずっと大規模で、長期間融けた状態のマグマを保つことができる。そしてこれらの溶融状態を作りだすエネルギー源（熱源）は、マントルダイアピルだ。その形や大きさを病院のCT装置のようにイメージングした例はまだないのだが、ある火山と隣の火山の距離がおおよそ30キロメートル程度の場合があることを考えると、マントルダイアピルはこの程度の大きさだと考えてよいだろう。

このようなマントルダイアピルが冷えてしまって、もはや玄武岩質マグマを作ることができなくなるまでの時間を概算すると、おおよそ１００万年程度となる。すなわち、日本列島の火山は、マントルダイアピルが冷え切ると、その寿命を終えるのだ。だから、１００万年より新しい火山では、まだまだマントルダイアピルは十分に熱くて、マグマを作り出すことができる。つまり、そのような火山では、いつ噴火を再開してもおかしくないのだ。

こう考えると、噴火の危険性のある火山を認識するには、活火山の定義に用いられる1万年という数字よりは、火山の寿命に当たる１００万年という基準を用いた方が科学的であることになる。そこで、このようなまだまだ元気で、噴火の可能性がある火山を「待機火山」と呼ぶことにしよう。

いつ噴火してもおかしくない「待機火山」が３００近くもある

もちろん「待機火山」、特に小型の火山の中には、もはや熱源が冷えてしまって噴火エネルギーが残っていないものもあるだろう。そのことを確かめるには、これらの火山について、その活動開始時期をきちんと決める必要がある。火山地質をきっちりと調べることで、その火山で最も古い、すなわちその火山が活動を開始した時期の噴出物を特定することはできる。また、このような岩石について、比較的精度よく、その噴出年代を決めることも可能である。

だから、その気になれば、待機火山であるかどうかを、きちんとしたデータに基づいて判断することはできるはずだ。このようなプロジェクトこそ、火山大国日本が行うべき重要な「国策」であり、しかもそれほど予算や時間がかかるわけではない。

とはいえ、現状ではデータが揃っていない以上、すべての待機火山はいつ噴火してもおかしくないという認識を持っておくのが無難だ。では、日本列島にどれくらいの待機火山があるのだろうか？　先に述べた地質調査総合センターのデータベースで過去100万年に活動した火山を調べてみると、その総数はなんと284、ざっと300もあることがわかった。第四紀火山（260万年以降に活動した火山）は日本列島に約450あることは大学の授業でも話していたのだが、100万年という数字でふるいにかけた待機火山がこれほどあるとは、正直言って私も驚いた。

本書の冒頭に掲載した6点の図に、これらの待機火山の分布をまとめてある。

もちろん活火山も待機火山の一部である。きっとお住いの地域の近くのなじみ深い山が待機火山、すなわちいつ噴火してもおかしくない火山であることに驚かれる方も多いことだろう。今一度この図をよくご覧になって、世界一の火山大国に暮らしていることをしっかりと認識していただきたい。

もともと活火山が密集する地域、例えば、北海道、東北、関東、中部、九州などは当然、待機火山も数多くなるのだが、それ以外、とくに関西から中国地方にお住いの方々も注意していただきたい。このあたりには活火山は三瓶山《さんべさん》と山口県萩市周辺の阿武火山群の2つしかなく、火山の空白域のようなイメージがあるかもしれない。しかし、待機火山は19にも及び、けっして火山活動の穏やかな地域とは言えないのだ。幸い、これらの火山の多くは小型のもので、おそらく同じ場所で火山活動が再開することはないと思うが、中には、大山《だいせん》のような大型の火山もある。この火山は、6万5000年前に大爆発を起こした「札付き」の火山だ。

活火山や待機火山は、風光明媚《めいび》で近くには温泉地があることが多い。だから観光地となり登山客も多い。富士山には毎年夏季だけで20万人を優に超える登山者が訪れる。しかし、たとえ今顕著な活動が認められなくても、これらの火山はいつ活動を再開するかもしれないのだ。

活火山については気象庁のホームページで活動状況や噴火警戒レベルが示されているので、登山の前には必ずご覧いただきたい（火山登山者への情報ページ：http://www.data.jma.go.jp/svd/vois/data/tokyo/STOCK/activity_info/map_0.html）。可能な場合は、登山休憩中にもスマホで確認するのが賢明だ。

それともうひとつ、登山前に確認していただきたいことがある。それはハザードマップ（火山防災マップ）をしっかり見ておくことである。ネットや各自治体で手に入れることができるので、自分のルートに、どのような危険があるか、いざという時の避難所の位置を頭に入れておくことが大切だ。

もちろん、火山への登山の際には必ずヘルメットを着用、少なくとも持参してほしい。御嶽山や草津白根山の事故を見ても、噴火で吹き飛ばされて落下してきた石に打たれて命を落とした例が多いからだ。また、火山灰はガラス片であるので、目が傷つきやすい。ゴーグルも必需品だ。

第2章　巨大火山噴火とは何か⁉

神話のストーリーと火山との関係

突如として火柱や噴煙を噴《ふ》き上げ、灼熱の溶岩を流す火山。大昔から人々は、こんな火山に畏《い》敬《けい》の念を持ちながら暮らしてきた。ギリシャ神話に登場する「ヘーパイストス」は、ローマ神話では「ウゥルカーヌス」(英語読みではヴァルカン)、まさにヴォルケーノ(火山)の神であった。ハワイ神話では、美貌の火山女神「ペレ」は嫉妬深く、気性も激しかったという。

日本神話はといえば、保立道久《ほたてみちひさ》氏の言葉を借りると「火山神話」と呼べるほど火山と関係した話が多い。そもそも、イザナギ、イザナミの二柱神が天沼矛《あめのぬぼこ》で海原をかき回して、矛を持ち上げた時に滴《したた》り落ちた雫《しずく》がオノゴロ島《じま》となり、その後次々と島々を産み出してゆく、という「国産《くにう》み」神話は、日本列島が海底火山の活動によって成長してきたことを彷彿《ほうふつ》とさせる。

スサノオが退治したヤマタノオロチが溶岩流の擬生物化であることは有名だし、のちにも述べるように、カグツチの出産によるイザナミの死も火山噴火をストーリー化したものだ。

いずれにせよ、火山地帯に暮らす人々は古来火山と共に暮らしてきた。もちろん人々には火山が荒ぶる原因を知るはずもなく、一方では豊かな大地や水を授けてくれる神として、畏敬と感謝の念を抱いていたに違いない。現代では、当時よりははるかに火山ができるプロセスや噴火のメカニズムがよくわかってきた。ここでは、このような最新の火山観を紹介することにしよう。

マグマの性質が噴火の多様性を生み出す

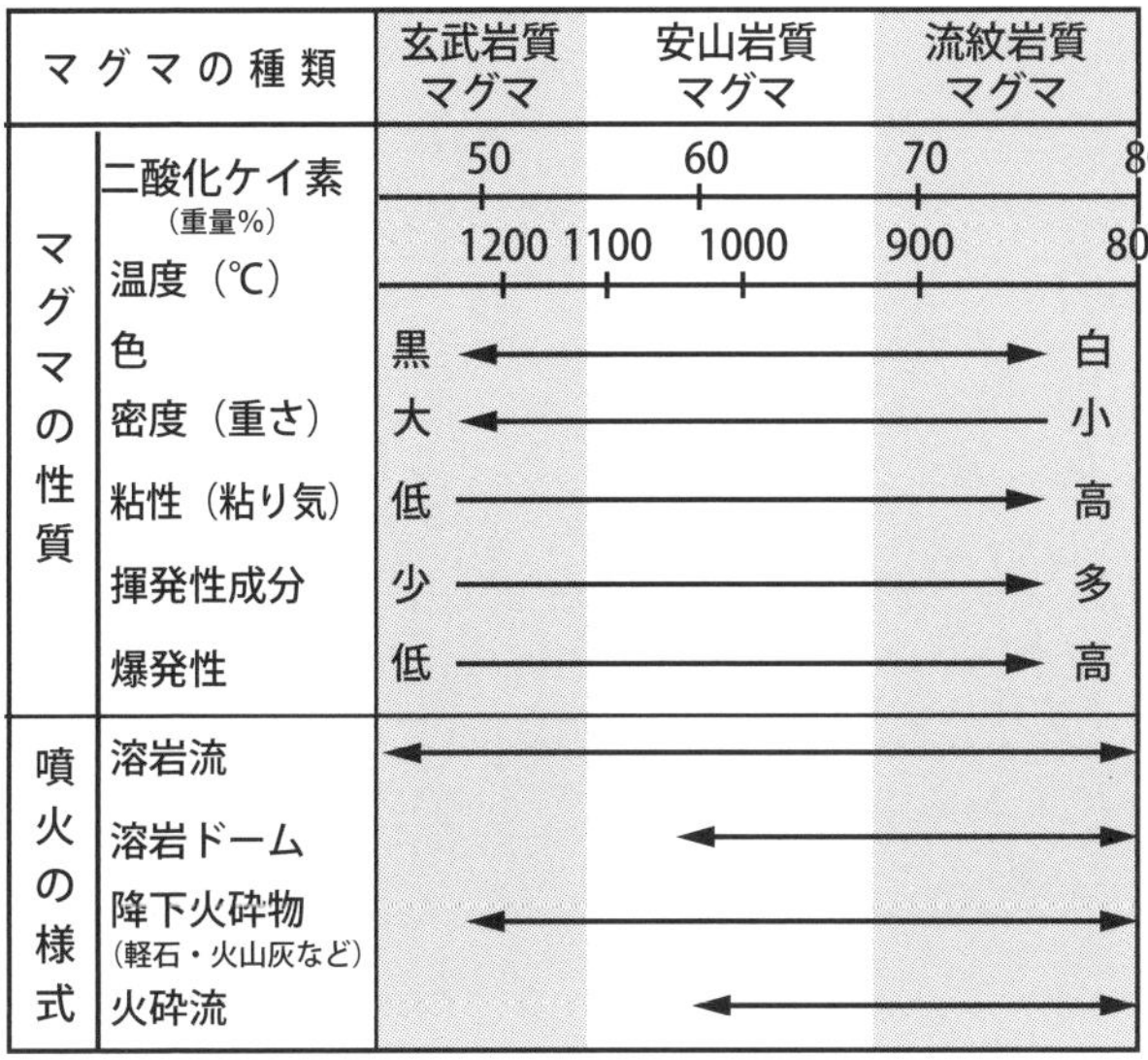

図２－１　マグマの種類とその性質、噴火の様式

火山の噴火と聞いて、読者諸氏はどのような光景を思い浮かべるのだろうか？　モクモクと立ち上がる噴煙をイメージする方が多いと思うが、１９８６年の伊豆大島・三原山噴火では真っ赤なマグマが噴泉のように噴き上げて、溶岩流が谷を流れ下った。また１９９１年の雲仙《うんぜん》・普賢岳《ふげんだけ》噴火では火砕流が集落や耕地、そして人間まで飲み込んでしまった。このように、一口に噴火といっても、その様は多様だ。そしてこの多様性を生み出す原因は、マグマの性質の違いにある。そこでまず簡単に、このマグマの性質について解説しておくことにしよう（図２－１）。

　マグマとは、地下の岩石が融けたものだ。そして灼熱のマグマが火山から噴き出して冷え固まった岩石は「火山岩」と呼ばれる。火山岩には黒っぽいものから灰色、さらには白っぽいものまで変化に富むが、岩石の色は主要な成分である二酸化ケイ素の量によって変わる。二酸化ケイ素成分が多いほど白っぽく、少ないと黒っぽい色調になる。だから火山岩はこの二酸化ケイ素量に基づいて、玄武岩、安山岩、流紋岩に分類される（図2－1）。また重さを比べると、玄武岩が一番重く、他の成分に比べて軽い二酸化ケイ素分が多くなると、岩石もだんだんと軽くなる傾向がある。

マグマが噴火する際の激しさ、つまり爆発性は主に、マグマの粘り気（粘性）と水などの揮発《きはっ》性《せい》成分の量によって決まる。高温で二酸化ケイ素に乏しい玄武岩マグマは、粘性が低くてサラサラで、揮発性成分の量も一般的に少ない。従って、あまり爆発的な噴火は起こさずに、溶岩を川のように流す場合が多い。

日本では伊豆大島の三原山がこのタイプだ。そして日本最高峰の富士山も、大部分はこのような玄武岩質マグマが造り上げたものだ。総じて言うと、富士山から伊豆大島、さらに南へ続く伊豆諸島の火山は、このタイプの噴火をするものが多い。それにはちゃんとした理由があるのだが、それはまた後ほど述べることにしよう。

一方で二酸化ケイ素の量が増えると、マグマは粘り気が強くなる上に、揮発性成分も多く含まれる傾向がある。地表近くまでマグマが上がってくると、揮発性成分はもはやマグマ中に溶け込んでいることができずに、ガス化する。この時に体積が劇的に増えるので、爆発が起きやすくなる。また粘り気が強いマグマでは、ガス成分がツルツルと抜け出すことができない。これらの理由から、二酸化ケイ素の多いマグマは爆発的な噴火を起こすことが多く、その際には火口から勢いよく噴煙が立ち上がって、広範囲に火山灰をまき散らす。さらには火山灰とガスや空気が渾然一体となって流れる「火砕流」を発生する可能性も高くなる。

日本列島の火山はこのタイプ、とくに二酸化ケイ素の量が60％程度の安山岩質のものが多い。もっと二酸化ケイ素が多い流紋岩質のマグマでは、さらに爆発性が高くなる場合があり、きわめて危険だ。その最たるものが「巨大カルデラ噴火」と呼ばれるもので、膨大な量のマグマが「超巨大噴火」によって一気に放出される。ところが同じ流紋岩質のマグマでも、稀に揮発性成分が効果的にマグマから抜け去ってしまうこともある。この場合には爆発的な噴火には至らず、粘り気の高い溶岩がドーム状の山体を作る。有珠《うす》・昭和新山や雲仙《うんぜん》・普賢岳《ふげんだけ》がその代表格だ。

マグマが噴出しない「噴火」もある

火山とは、地下で発生したマグマによって起きた噴火によってできた地形である。この火山が「噴火」するというと、読んで字のごとして、あたかも灼熱のマグマが噴出するように感じる。しかし実際にはマグマが噴出しない場合でも、噴火と呼ぶことがある。噴火現象は、マグマそのものが噴出する程度によって、大きく3つのタイプ（水蒸気噴火、マグマ水蒸気噴火、マグマ噴火）に分類されることが多い（図2－2）。

「水蒸気噴火」は、地表近くまで上昇してきたマグマの熱で地下水などが沸騰するのが原因だ。

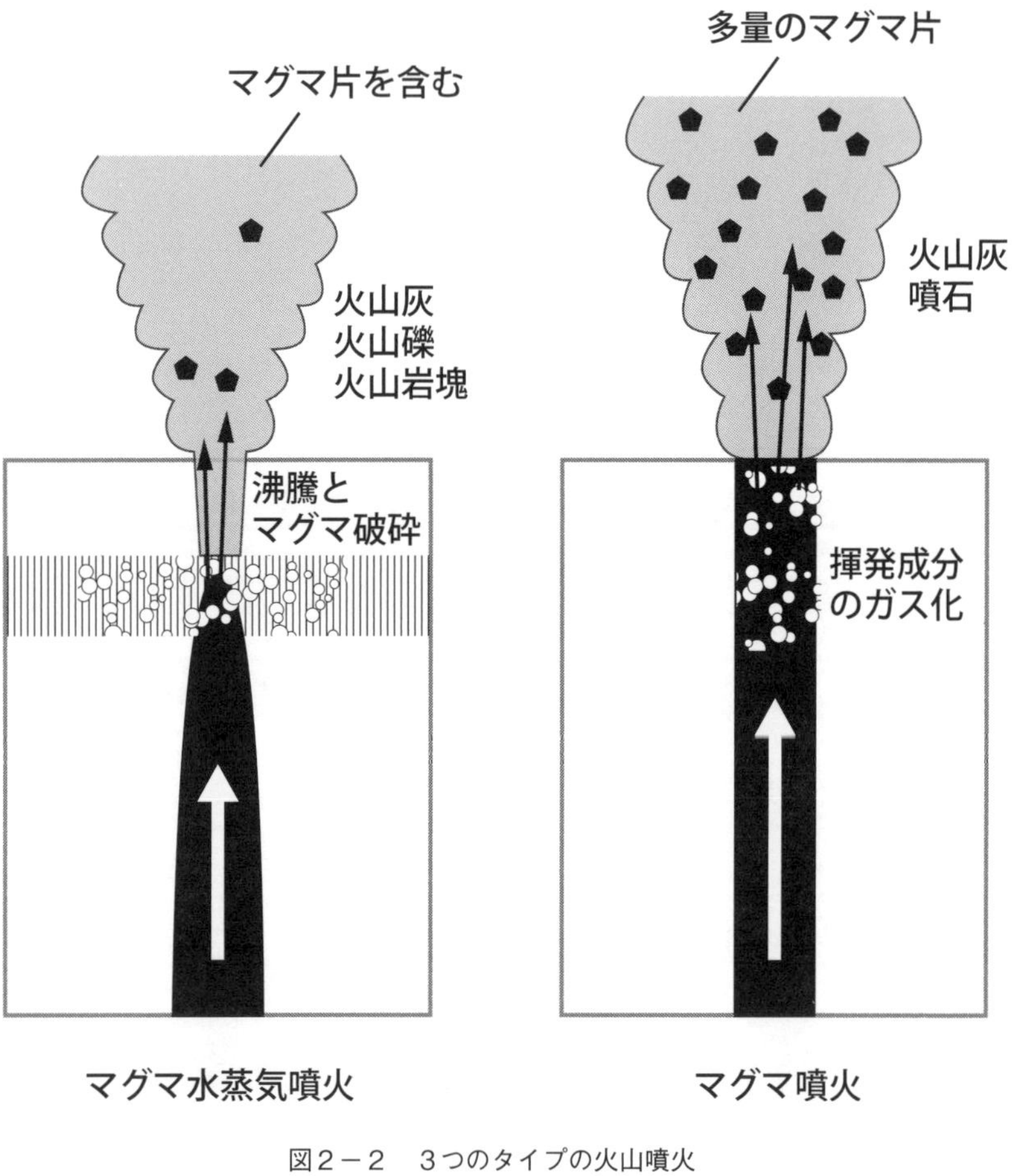

図2－2　3つのタイプの火山噴火

水が水蒸気化することで体積が１７００倍にもなるために急激に圧力が高まり、周囲の岩石などを破壊して巻き込んで爆発、つまり噴火が起きる。この場合、噴出物は地盤を作っていた岩石や地層の破片であり、マグマそのものは含まれない。

もっと地表近くまでマグマが上昇すると、マグマが地下水と直接触れることがある。この場合は水蒸気噴火よりも爆発の規模が大きくなる傾向があり、水に触れて破砕されたマグマが火山灰

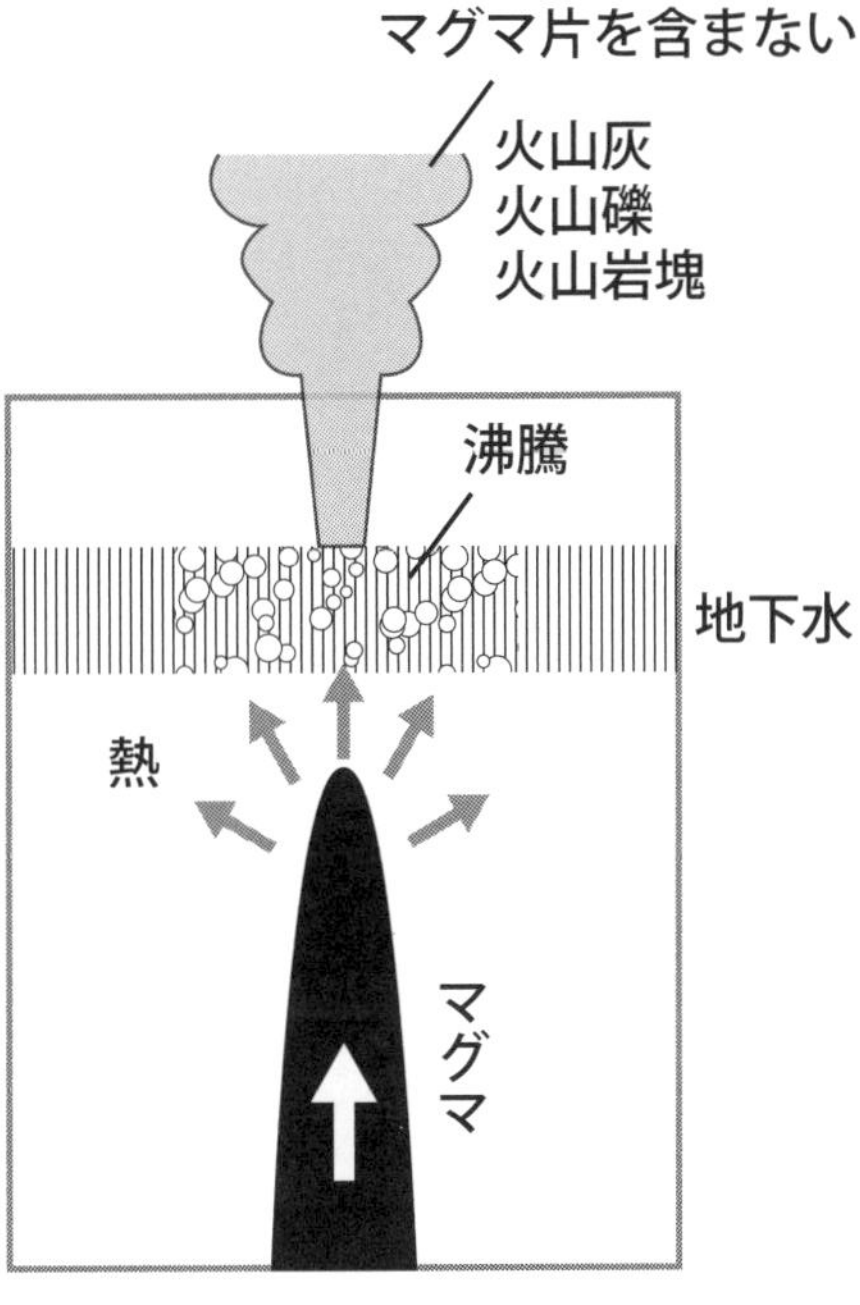

水蒸気噴火

や火山弾などとなって噴出する。このような噴火を「マグマ水蒸気噴火」と呼ぶ。

一方で、マグマに溶《と》け込んでいた水や二酸化炭素などの揮発性成分は、マグマが上昇して圧力が下がるとガス化する。そうすると、ちょうど勢いよくシャンパンの栓を抜くと中身が溢れ出すように、マグマが一気に噴き上げることがある。これを「マグマ噴火」と呼ぶ。この噴火では、先に述べたようにマグマの性質や揮発性成分の量などによって、爆発的な場合や比較的穏やかに溶岩を流すものなど、さまざまな噴火の様式がある。

このような3種類の噴火では、マグマが関与すると大規模な噴火になることはなんとなく想像できるだろう。一方で、水蒸気噴火は一般的にはそれほど規模は大きくない場合が多い。しかしながら、近年や過去の例を見ても、水蒸気噴火が大災害を引き起こした例は数多くある。その理由のひとつは、水蒸気噴火は予測が困難で、突然噴火が始まるからだ。

水蒸気噴火の予測がうまくいかない理由

2014年9月27日11時52分、長野・岐阜県境の御嶽山《おんたけさん》で水蒸気噴火が起きた。総噴出量は40万トン、東京ドームの10分の1程度の量で、噴火の規模からすると「小規模噴火」だった。しかし、登山者など63名が犠牲となった。多くの犠牲者は、火山礫《れき》（大きさ64〜2ミリメートル）や火山岩塊《がんかい》（64ミリメートル以上）の直撃を受けたものと考えられる。噴火時には噴火警戒レベルが1（活火山であることに留意）であったために、多くの登山者が訪れていたのだ。

噴火予測がうまくいかなかった最大の原因は、水蒸気噴火がマグマによって間接的に地下水が熱せられて起きるというメカニズムにある。水蒸気の発生やその移動に伴って、特有の低周波微動が発生することもあり、この場合には、噴火の前兆現象として認識できる可能性がある。実際２００７年の噴火では、微動が始まってから噴火まで約50日の猶予があった。しかし２０１４年の噴火では、火山性微動が発生したのは噴火の直前だった。

２０１８年1月23日10時02分頃には、草津白根山、本《もと》白根山火口列北端の三日月火口で水蒸気噴火が起きた。そして火山礫あるいは火山岩塊の直撃により1名の犠牲者が出た。草津白根火山では、３０００~５０００年前に今回の噴火と同様、本白根山付近で大規模な活動があった。その後、火山活動は「湯釜《ゆがま》」周辺に移動し、１８８２年以降だけでも少なくとも19回の水蒸気噴火を繰り返している。このため、火山活動の監視も湯釜周辺に重点が置かれていたのだ。

２０１４年以降、湯釜付近の活動が活発な状態となったため、レベル２（火口周辺規制）に警戒レベルが引き上げられていたが、２０１７年に入って活動が低下傾向に転じたため、レベル１に引き下げられた。つまり、本白根山は十分に警戒されていなかったにもかかわらず、突然水蒸気噴火を起こしたのだ。

さらに水蒸気噴火が大規模な「山体崩壊」を誘発した例がいくつも知られている。この場合は被害も急激に拡大する。じつは日本史上最悪の火山災害も、その始まりは水蒸気噴火だった。このことはまた後ほど詳しく解説することにしよう。

少し話は横道にそれるのだが、マスコミの報道などでもよく使われる「噴石《ふんせき》」についてコメントしておく。水蒸気噴火の例として挙げた御嶽山や草津白根山の噴火で、不幸にして被害者が出た直接の原因は、噴火で噴き上げられた火山礫や火山岩塊が落下して直撃を受けたからであった。このような、火山灰よりは大きな噴出物を気象庁は「噴石」と呼ぶ。マスコミもそれに従い、「大きな噴石に警戒して下さい」と注意を喚起しているのが現状だ。

しかし、火山学ではこの噴石という用語は用いない。先ほど述べたように、64ミリメートルという大きさで「火山礫《れき》」と「火山岩塊《がんかい》」に区別するのが世界的な用語法だ。というのも、比較的大きな火山岩塊はおおむね放物線軌道を描いて上昇落下する。一方、火山礫はサイズが小さいために、噴火による上昇気流で上空まで運ばれたり、風に乗って側方に流されたりする。

気象庁のいう「小さな噴石」はおおよそ「火山礫」に相当するのだが、例えば御嶽山２０１４年の噴火では、この火山礫の直撃で多くの人が亡くなっている。つまり、小さな噴石は十分に私たちに危害を与える力を持っているのだ。このあたりの事情を気象庁はきちんと理解して、早急に用語法を改めて、正しく注意喚起を行うべきであろう。

噴火のキーワードは「水」だった

水蒸気噴火はマグマと地表付近の水が反応して起きる。水が沸騰して体積が劇的に増大して爆発するのだ。一方で、マグマが噴き上げるマグマ噴火でも「水」がキーワードとなる。

太陽系惑星の中で唯一液体の水が存在するこの「水惑星」地球では、ありとあらゆる地球現象が、水によって引き起こされていると言っても過言ではない。そもそも地球だけにプレートテクトニクスが駆動しているのも、約38億年前に原始大気中の水蒸気が冷えて雨となって降り注ぎ、海を造ったことに原因がある。海の水が地下の岩石の中に染み込んで、岩石を割れやすくしたのだ。

地球でも元々は1枚のプレートが地表をなしていたのだが、割れ目が成長して、プレートとプレートの境界を作ったことで、個々のプレートが動く、つまりプレート運動が始まったのだ。もちろん、海とプレートテクトニクスによる火山活動がなければ、この星が生命の星になることはなかった。

水惑星地球では、表層の約70％を占める「海」には、約13億トンもの水が存在する。しかしじつは、これは地球全体の水のほんの一部に過ぎない。地球深部の岩石や中心にある核（コア）の中にも、多量の水（正確にはOHや水素）が存在すると予想されており、ある見積もりでは、このような「地球内部の水」は海水の数倍以上にもなるという。こんな地球内部の物質が融けてマグマができるのだから、当然マグマにも水分が含まれている。この水が噴火の原動力になるのだ。

先に述べたように、日本列島の火山では、数キロメートル程度の深さに、噴火に直結する「子マグマ溜り」が存在する（図1－3）。多くの場合、このマグマは安山岩〜流紋岩質で、おそらく数パーセントの水がマグマの中に溶け込んでいる。噴火のきっかけは、この子マグマ溜りへ、さらに深い所にある「親マグマ溜り」（図1－3）からマグマが注入されることだ（図2－3）。親マグマ溜まりにあるマグマは二酸化ケイ素の少ない玄武岩質のマグマで、子マグマ溜りのものに比べて重い。従って、子マグマ溜りに勢いよく入ったあとは、マグマ溜りの底の方に層をなして溜まってしまう（図2－3）。

ある一定の大きさを持ったマグマ溜りの中に、新たにマグマが入ってくると、マグマ溜りが膨張して、そのために噴火が始まるというのは、イメージしやすいメカニズムだ。しかし、本当にこのメカニズムが有効に働くかどうかは疑わしい。十分に圧力が高くなるまで、マグマを注入できるかどうか微妙なのだ。それよりも重要なことは、注入される玄武岩質マグマが高温であることだ。その結果、元々子マグマ溜りにあった安山岩〜流紋岩質のマグマは熱せられることになる。

ここで大切なことが、マグマ中にどれくらいの水などの揮発性成分が溶け込むことができるか、つまり「溶解度」だ。なじみ深い例として「ビール」でこの概念を説明してみよう。ビールに含まれる揮発性成分は二酸化炭素であるが、この関係はマグマと水でも同じだと考えてよい。

さて、例えばコンビニで買ってきた缶ビールの栓を勢いよく開けると、泡とともにビールが溢れ出す経験は、多くの方がお持ちであろう。この忌々《いまいま》しい現象のメカニズムは、開封前に圧力がかかっている状態ではビールの中に溶け込んでいた二酸化炭素が、開封、すなわち減圧によって溶解度が下がったために、ビールの中に溶け込んでいることができずにガス化する、というものだ。つまり、圧力が下がると揮発性成分の溶解度も下がるのだ。

もう一つの例は温度に関係するものだ。運悪く冷えていないビールを飲む羽目になった場合には、開封時に要注意だ。キンキンに冷えたビールに比べて、開封時に圧倒的に泡が多量に出てしまう。また、ビールを注ぐグラスはよく冷やしておけ、というのも、よけいな泡の発生を抑えるための流儀である。つまり、揮発性成分の溶解度は温度が上がると低くなり、発泡現象が起きるのだ。

火山噴火を引き起こすメカニズム

溶解度のことを理解いただけたところで、この溶解度の性質を踏まえて、噴火のメカニズムを考えてみることにしよう。

親マグマ溜りから高温のマグマが子マグマ溜りへ注入されることで、元々あったマグマが加熱された状態になる（図２－３）。もちろん子マグマ溜りの中にある安山岩～流紋岩質マグマには、水がある程度（数パーセント程度）含まれている。この状態で加熱されると、マグマ中の水の溶解度は減少し、先の「ぬるいビール」の例《たと》えと同様、マグマに溶けきらなくなった水はガス化（発泡）する。このことで、子マグマ溜り内の圧力は一気に高くなるのだ。こうなると火山は臨戦態勢に入る。

このように圧力が高まったマグマ溜りの一部に、弱い部分があったとしよう。例えば、以前の噴火でマグマの通り道となった「火道」だとする。マグマ溜り内の圧力が高まると、このような

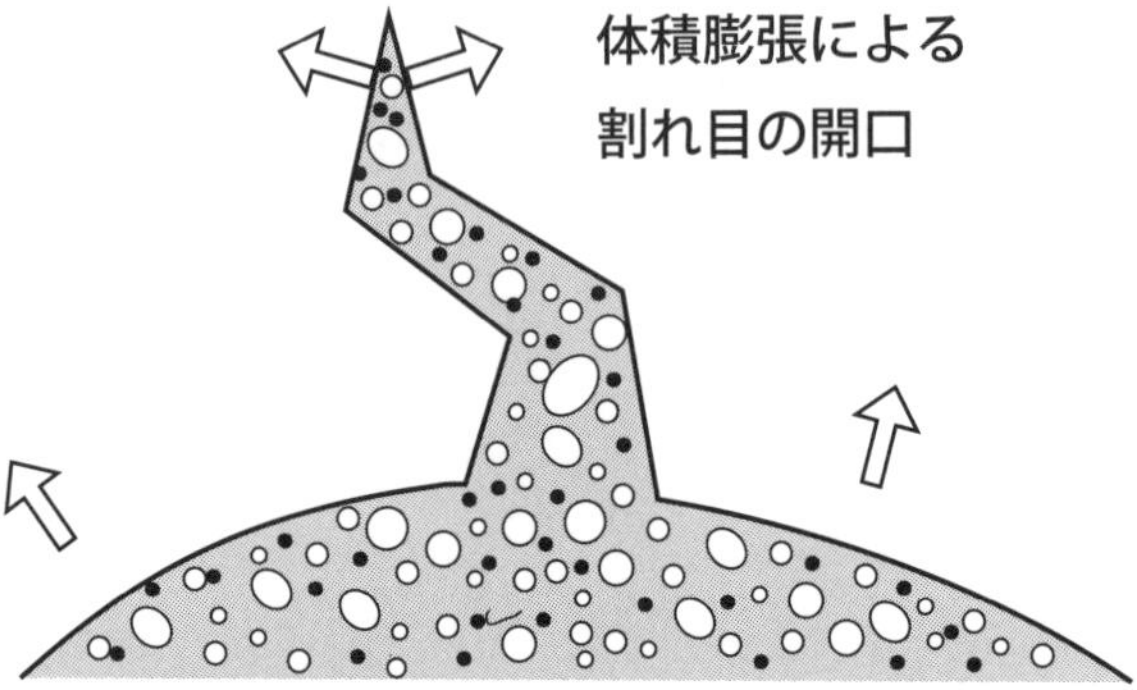

→割れ目の開口による減圧

↓

減圧による発泡

↓

発泡による体積膨張

↓

体積膨張による割れ目の開口

図２－３　マグマの注入と体積膨張

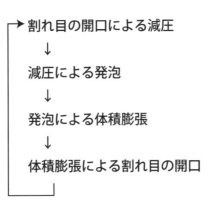

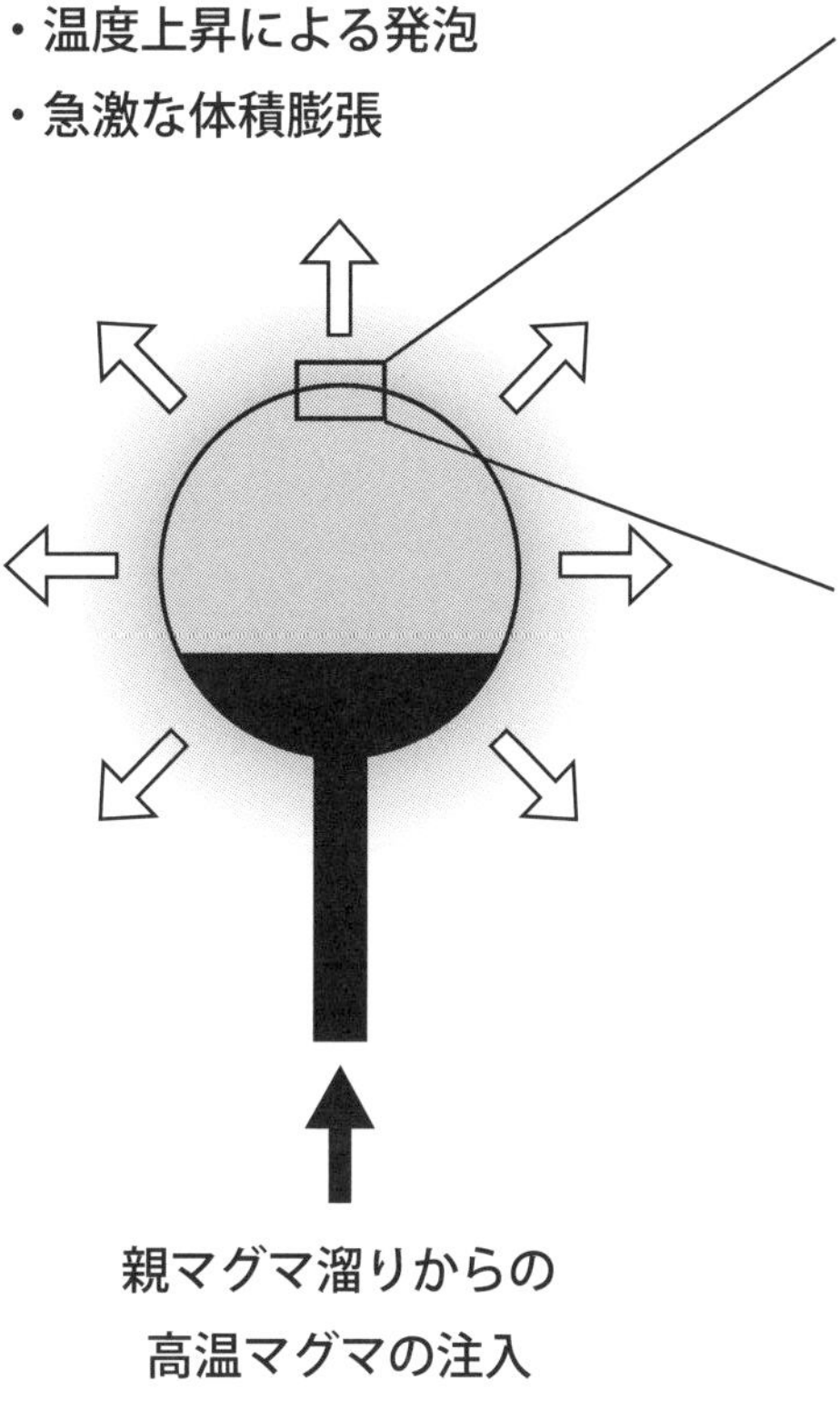

弱い部分がまず破壊されてしまう（図２－３）。破壊が起きて割れ目が入ると、その部分では空間が広がることで、急激に圧力が下がる。このために、先のビールの栓を開《あ》けた時の例のように、圧力の低下は溶解度の低下を引き起こし、一気にマグマ中の水がガス化するのだ。

そうなると、今度は割れ目部分の圧力は劇的に高くなり、そのことでまた割れ目が成長して伸びてゆく。この、割れ目の形成による発泡、それの結果としての割れ目の成長は連鎖的に進行して、ついに割れ目は地表まで達する。こうなると割れ目（火道）は大気圧にさらされることになり、一気に発泡が進む。そしてこの減圧は子マグマ溜りにまで伝わり、そのことでマグマ溜り全体で発泡が進んで急激な膨張が起こる。こうして、マグマ溜り内のマグマが多量に噴出する大噴火に至るのだ。

もちろん、噴火に直結する揮発性成分のガス化（発泡現象）を引き起こすメカニズムは他にもある。先のビールの栓を抜く話を思い出していただきたい。つまり、子マグマ溜り全体の圧力が下がればよいのだ。例えば、ぎゅうぎゅうに地殻（地盤）を押していた力が弱くなれば、圧力が下がったのと同じ効果がある。このメカニズムが、巨大地震の後で火山噴火を引き起こすことがあることを、後に紹介することにしよう。

温泉は火山列島からの恵み

日本には約3100ヵ所もの温泉地があると言われている。温泉は世界中いたる所に湧くが、密度という点ではわが国は断トツに世界一の温泉大国である。それに私たちにとって、温泉は間違いなく文化である。温泉が火山列島からの恵みであることは、直感的に受け入れやすいだろう。火山の地下に潜む高温のマグマが温泉の熱源となることが多い。

まず「温泉」とは何かを、簡単に説明しておこう。わが国の温泉法では、地下から湧出する温水や水の中で、次の3つの条件のうちのひとつを満たすものを「温泉」と認定している。

● 泉源での温度が摂氏25度以上のもの。

● ガス以外の溶存成分の総量が1キログラム中に１０００ミリグラム以上であるもの。
● 特定の成分（二酸化炭素、イオウ、重曹、ラドンなど）が規定量以上含まれているもの。

ここで覚えておいていただきたいことは、たとえ熱くなくても、水以外の成分が含まれていることで、つまり体に良さそうなものは立派な温泉であることだ。ただし、海水には塩分をはじめ、いろいろな成分が含まれるが、これは温泉ではない。地下から湧出していないからだ。一方で昔の海水が地下に閉じ込められた「化石海水」を汲み上げると、立派な温泉となる。

一口に温泉といっても、いろんな種類（泉質）がある。よく使われるものに、液性による分類、すなわちｐＨ（ピーエイチ＝水素イオン指数）を用いてアルカリ性、中性、酸性を区別する方法だ（図２－４）。国内で最も強烈な酸性温泉と言われるのが、八幡平《はちまんたい》火山群の麓にある秋田県玉川温泉だ。ｐＨは1に近く、同じｐＨの塩酸はアルミホイルを一晩で完全に溶かしてしまうほどに強烈である。

もっともｐＨだけでは温泉の危険性を判断できないし、幸いにも人間の皮膚は比較的酸性には強い。温泉水で目を洗ったりしないようにすれば、強酸性温泉の抜群の殺菌力は効果覿面《てきめん》である。

一方、最強のアルカリ性泉はｐＨ11を超える埼玉県都幾川《ときがわ》温泉だ。酸性泉とは対照的にアルカリ泉は、皮膚の脂肪と反応して、石鹼《せっけん》に似たすべすべした成分を作る。これが「美人の湯」といわれる所以《ゆえん》である。日本の温泉には、ｐＨ7～9の中性～弱アルカリ性泉が圧倒的に多い。

特徴的な成分を多く含む温泉の場合、この成分の名前を用いて泉質を表すことがある。炭酸泉、硫黄《いおう》泉、塩化物泉、放射能泉などがこの分類法によるものである（図2－4）。逆に、溶存成分量が温泉法の基準を下回るが、温度が摂氏25度以上の温泉もある。このような温泉は単純泉と呼ばれる。しかし、含有成分が少ないからといってけっして効能が低いというわけではない。岐阜県の下呂《げろ》温泉や、箱根湯本温泉など、名湯《めいとう》と呼ばれるものの中には単純性も多い。

次に温泉の成因を述べておこう。温泉の出来方を考えるときは、その熱源が重要である。比較的高温の温泉は火山の熱が原因であり、このような温泉を「火山性温泉」と呼ぶ（図2－4）。一方、火山とは直接関係なくできるものが「非火山性温泉」だ。

温泉地は噴火危険地帯でもある

火山性温泉の源はマグマである。先にも述べたように、マグマには水などの揮発性成分が含まれているが、このような成分は、マグマが冷えて固まり出すと、もはやマグマの中には溶け込んでいることができなくなり、マグマから分離する。この「マグマ水」は当然ながら数百度を超える高温で、しかも地中に存在するので圧力もかかっている。このような条件にあるマグマ水は、液体（水）と気体（水蒸気）の違いを区別できない状態（超臨界状態）にある。

このような状態にあるマグマ水は、揮発性の高いイオウ成分の他にも、マグマ中に含まれていたナトリウムや塩素、つまり食塩成分を多量に含むことが、実験などによって確認されている（図2－4）。温泉の食塩成分は、海水が混入したと考えられていたこともあるのだが、実験の結

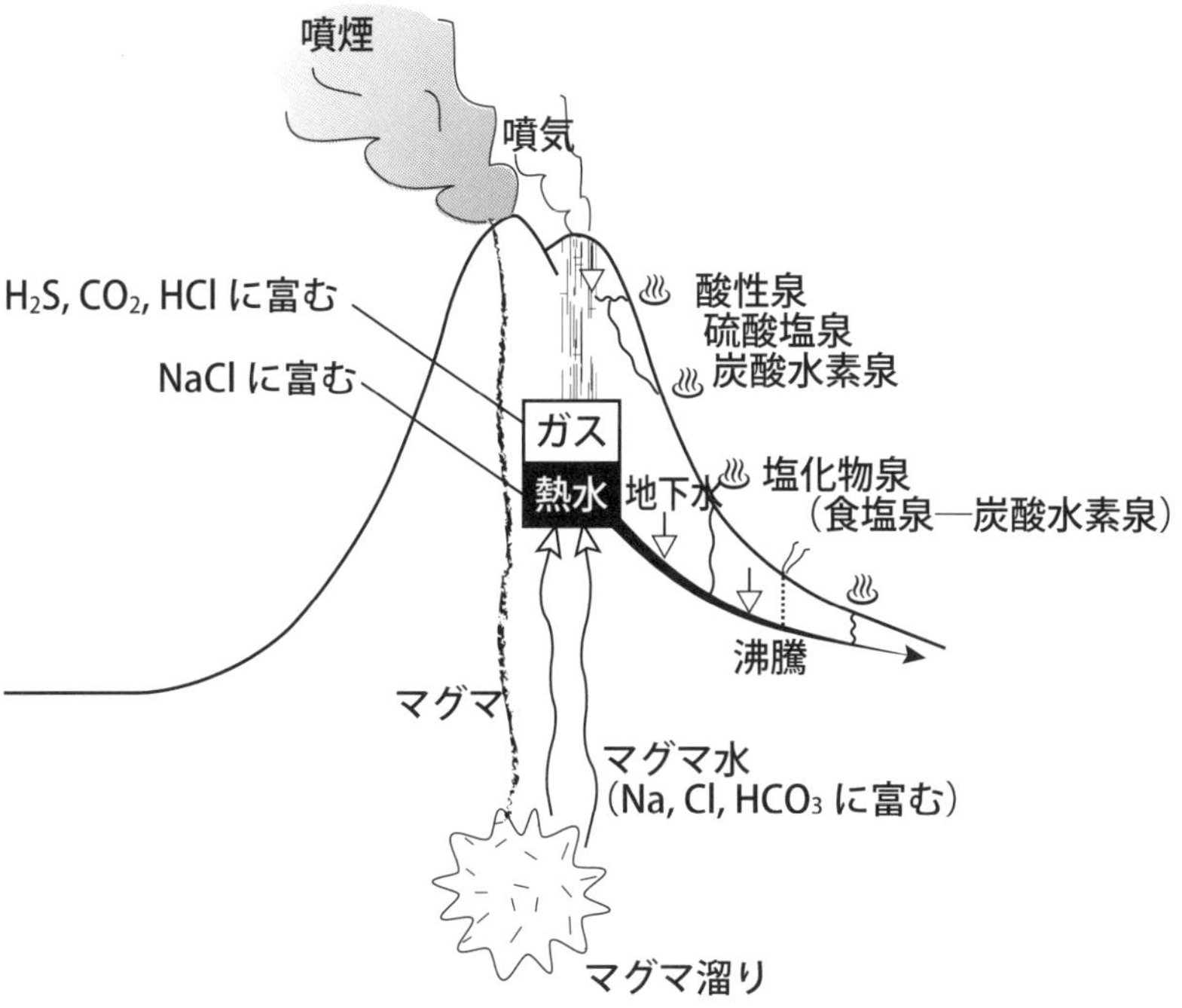

図２－４　火山と温泉

果によって、海水は必要ないことが明らかになったのだ。さらにこのマグマ水は、周囲の岩石と反応して炭酸水素イオン（HCO_3^-）にも富むようになる。

マグマ水がさらに上昇して温度が下がると、超臨界状態ではなくなり、液体（熱水）と気体（火山ガス）に分離する（図２－４）。このとき、ガスには気化しやすい硫化水素（H_2S）、二酸化炭素（CO_2）や塩酸（HCl）などの成分が濃集し、一方、熱水には食塩（NaCl）や金属イオンが多く含まれるようになる。

ガスが地表付近の地下水と反応すると、硫化水素が硫酸となり、塩酸成分と相まって酸性泉となる。このような酸性泉は、周囲の岩石を腐食することで酸性度は低下するが、この過程で硫酸塩泉、炭酸水素泉などの泉質に変化してゆく（図2－4）。

他方、地下に存在する熱水の温度は1気圧（地表）の沸点（摂氏100度）より高温であるために、地表付近に移動すると沸騰する場合がある。例えば別府《べっぷ》温泉の山の手（堀田《ほりた》・鉄輪《かんなわ》など）で盛んに噴気が上がっているのはこのせいである。この沸騰によって、熱水はさらに食塩成分に富むようになる。また地下水と反応することで、炭酸水素イオンも取り込み、その結果、火山体の麓には食塩泉―炭酸水素泉などの食塩泉が形成される（図2－4）。

もちろん、すべての火山性温泉で、これらの多様な泉質が認められるわけではないが、例えば別府温泉では、鶴見岳・伽藍岳《がらんだけ》の火山熱源から市内へ下っていくにつれて、図2－4のような泉質の変化が認められる。温泉のデパートと呼ばれる所以《ゆえん》である。

もうおわかりであろう。温泉が近くにある火山では、地下に高温のマグマが潜んでいるのだ。別府温泉の熱源となっている伽藍岳は867年に水蒸気爆発を起こしたし、草津温泉や箱根二十《にじゅう》湯《とう》は、最近も噴火を繰り返した草津白根山と箱根山《はこねやま》が熱源である。

火山の雄大な景色を眺めてのんびりと温泉に浸《つ》かるのは最高だ。ただその時に、地下には灼熱のマグマが潜んでいて、噴火の危険性もあることを少しは思い出していただきたい。

最後に、元別府市民として、温泉の効果的・安全な楽しみ方を伝授しておこう。

● 入浴前に水分を補給すること。体の芯から温まる温泉では、想像以上の汗が出る。必ず水を飲んでから入浴しよう。ただし、水分といってもビールは控えた方がよい。アルコールが肝臓で分解されるときに大量の水が使われるからだ。

● 湯舟に入る前にかけ湯をすること。もちろんエチケットの意味もあるが、先に述べたように、温泉にはいろんな成分が含まれているので、刺激が強い。まずはかけ湯をして肌になじませることだ。

● 入浴時間は短めに。せっかく来たのだからと、ゆっくり浸かりたい気持ちはよくわかるが、体温や血圧の上昇は体に負担が大きいし、温泉成分の影響で肌への刺激もある。とにかく長湯は禁物である。さらに、しっかり浸かるよりは半身浴で心臓への負担を抑える方がずっと安全だ。

● 上がり湯は温泉で。せっかく体についている温泉成分を流してしまうのは、もったいない。

富士山は必ず噴火する。それはいつ起きる？

日本列島に１１１ある活火山の中でも、注目度ナンバーワンはやはり富士山だろう。バリバリの活火山なのだから、いつマグマを噴き上げてもおかしくないし、都心からも見える距離にある。そして何より、その気高いまでの美しさは日本人の心のふるさとなのだ。一方でその姿は、うつろいゆくものであり、諸行無常である。富士山の大噴火や山体崩壊は将来必ず起きる。はたして富士山大噴火は予知できるのだろうか？

そもそも、地震や噴火を予知するとは、前兆現象に基づいて、いつ、どこで、どれくらいの規模の活動が起きるかを前もって知ることである。地震については、現時点では科学的に確かな前兆現象は確認できない。だから現状では地震予知は不可能である。マスコミなどでしばしば取り上げられる地震予知も、すべて「予言」の類である。こんなものに惑わされてはいけない。それでも視聴率を集めることしか頭にない一部マスコミは「煽り企画」を続けているが、もういい加減自粛してほしいものだ。

一方で火山の噴火については、前兆現象を検知できる場合がある。火山性地震や山体膨張などだ。例えば、2000年3月の北海道・有珠山《うすざん》の噴火では、北海道大学がこれらの前兆現象を捉えて、144時間以内に噴火すると、3月25日に発表した。そして実際143時間後の31日午後1時7分に噴火が始まった。予知情報に基づいて速やかな避難などが実行されたことで、一人の被害者も出すことはなかった。

このような成功例はあるものの、それでもなお、噴火予知は難しい。なぜならば、火山は非常に個性豊かなのだ。だから有珠山での予知成功例は、例えば富士山に適用することはできない。また有珠山については、過去の「病歴」がしっかりとカルテに記録されており、患者に寄り添って、その様子を見守る「ホームドクター」がいた。有珠山から2キロメートルの洞爺湖畔《とうやこはん》に北海道大学の火山観測所があり、岡田弘《ひろむ》さんという超一流の研究者が寄り添っていたのだ。こんな火山は日本には、贔屓目《ひいきめ》に数えても数箇所しかない。

そんな中で富士山は、数十箇所にさまざまな観測装置が配置され監視が行われている、稀有《けう》な火山である。しかし、有珠山噴火のように予知が必ず成功するとは思わない方がよい。なぜならば、先の噴火（宝永噴火）は３００年以上も前のことで、当然ながらこの噴火に対する観測データはないからだ。

だから現状では、科学的に正確に富士山噴火の「Xデー」を予知することは困難と言わざるを得ない。ある「専門家」は２０１４年プラスマイナス５年（２００９年から２０１９年の間）に富士山が噴火すると述べているが、これは論理的かつ説得力のある科学的根拠に基づくものではなく、「予言」の類だ。

3・11をきっかけに一触即発状態に入った富士山

一方で、富士山ではこれまでの噴火史やその規模が、地質調査によって相当よくわかってきた。特に噴火年代とマグマの噴出量が正確にわかっている9世紀以降を見ると、図２－５に示したような関係が見えてくる。富士山はこの間に2度の日本史上最大クラスの大噴火を起こし、産業技術総合研究所などのデータに基づくと、この大噴火の時期と規模の関係は、最近３６００年間の平均噴出率とよく一致する。したがって、この関係を使って、大噴火が起きる時期をおよそ見積もることができそうだ。

仮にこの関係が近い将来にも当てはまるとすれば、次の大噴火は２１４０年くらいだと予想で

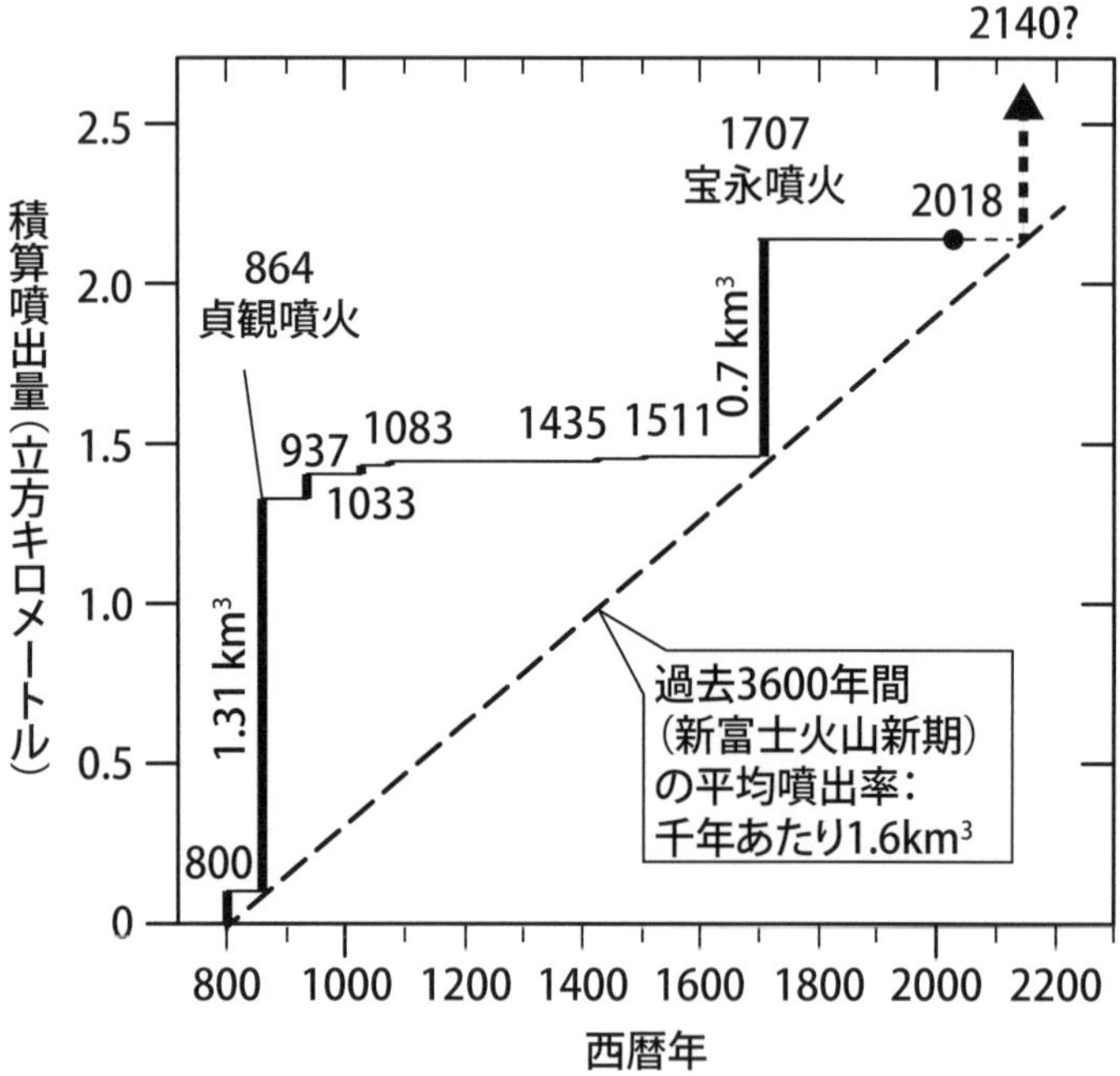

図２－５　富士山の噴火と噴出量の関係

きる。

な〜んだ、まだ100年くらいは大丈夫なんだ、と思う人が多いだろう。しかし残念ながら、そう安心しない方がよさそうだ。というのも、3・11超巨大地震が起きたために、東北地方から富士山の周辺域までの広い範囲で地盤の状態が変化したのだ。このことは後にもう少し詳しくお話しするのだが、要は、ぎゅっと押し縮められていた地盤が、逆に緩んだ状態となったということだ。こうなるとマグマが活動的となって噴火が起こりやすくなる。

さらにこの「異常状態」はまだ数十年以上も続くと考えられる。つまり、3・11をきっかけに、富士山は一触即発状態に入ったと考えてよい。実際、あの3・11の4日後、M6・4の地震が静岡県で発生した。静岡県東部地震と名づけられたので、多くの人々は認識しなかったが、その震源は富士山の直下14キロメートルであった。

この地震は、3・11海溝型巨大地震後に地殻の状態が変化して起きたものだが、注目すべきはこの地震の直後に富士山直下で火山性の地震が頻発したことだ。まったくの幸運で噴火には至らなかったが、今現在も富士山は予断を許さない状態であることを、しかと認識いただきたい。

富士山が1707年の宝永噴火と同じ規模の大噴火を起こすと、かつての江戸の町がそうであったように、都心でも数センチメートルの火山灰が降る（図2‐6）。大混乱は必至だ。この程度の降灰に対する対策は、おそらく鹿児島市では相当真剣に取り組まれてきたはずだ。これらを参考にして、富士山噴火に対する首都強靭化を早急に行うべきであろう。

また、富士山のマグマは流動性に富み、上昇スピードが速いために、たとえ観測網が前兆現象を捉えたとしても、その直後に噴火が始まる可能性もある。この山の下には活動的なマグマが息をひそめていることを、常に肝に銘じておいてほしい。

富士山大噴火より怖い山体崩壊

数十万年前に活動を始めた富士山は、実は4階建てである。現在でも建設中の最上階は約1万年前から造り始められた。富士山はこの長い活動史を通じて、実に多様な火山活動を起こしてきた。「噴火のデパート」と言われる所以《ゆえん》だ。

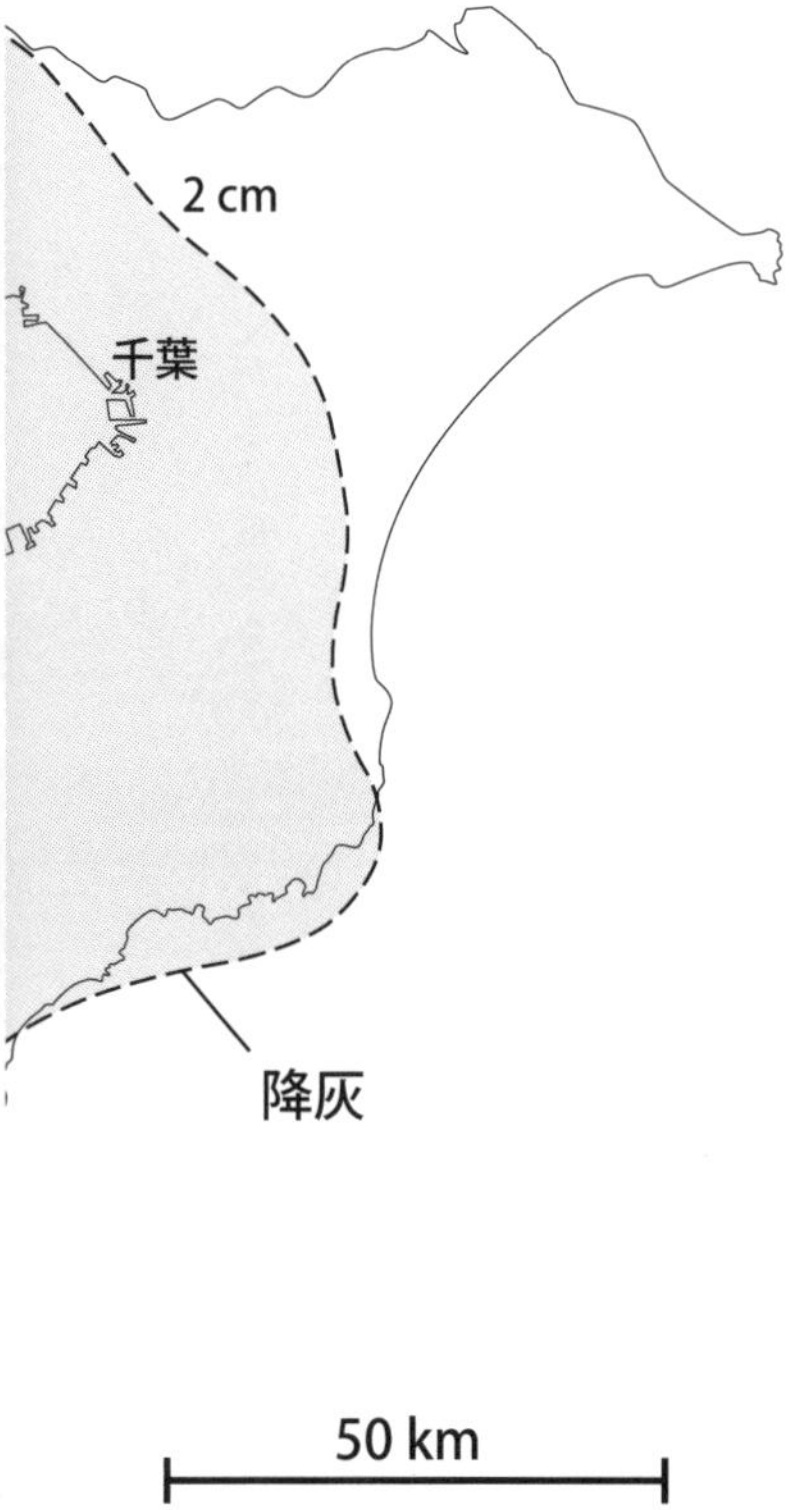

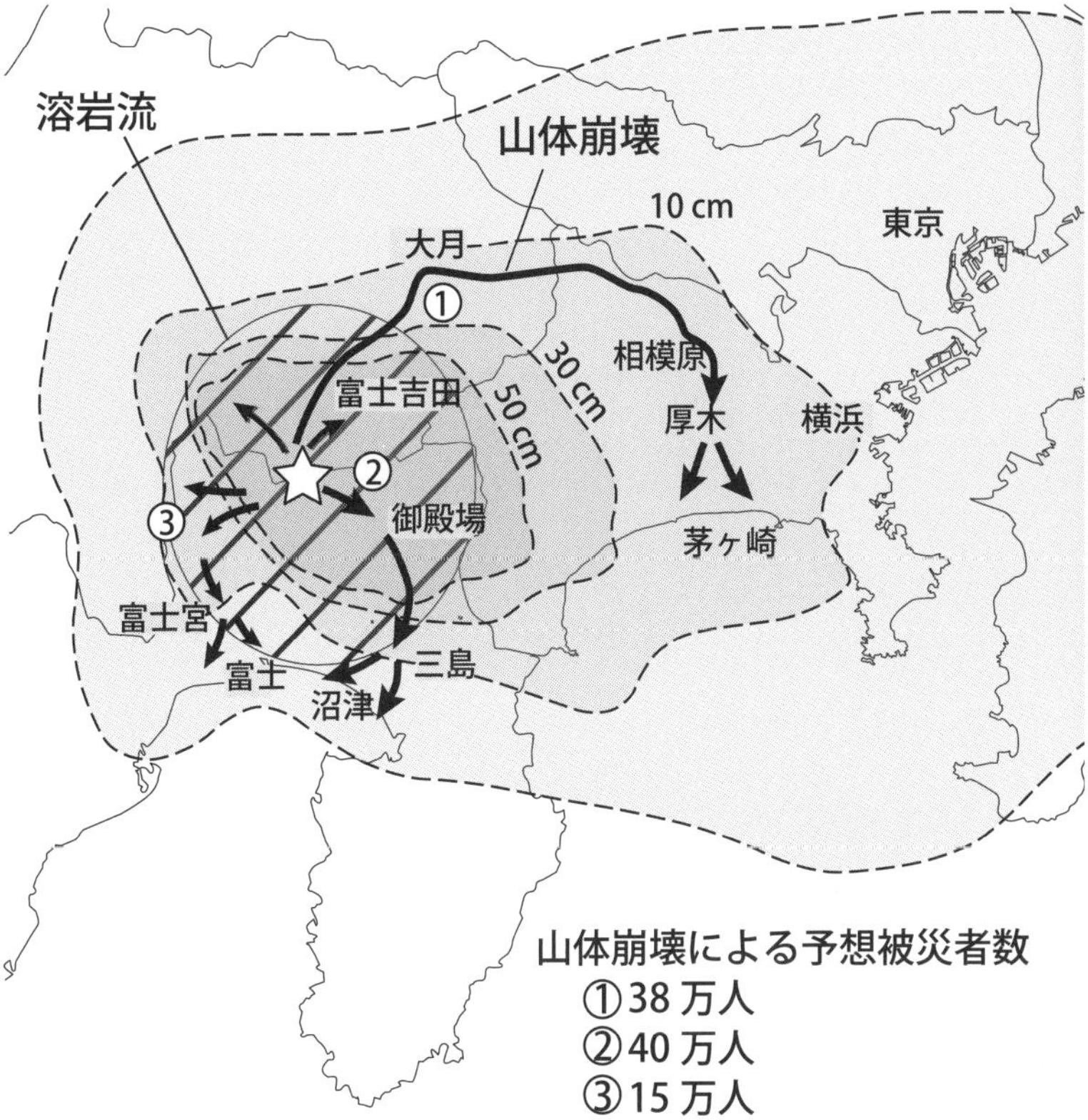

図２－６　富士山大噴火と山体崩壊のハザードマップ

1707年の宝永噴火では1万メートル以上の高さまで火山灰を噴き上げたが、864年に始まった貞観《じょうがん》噴火では数キロメートルに及ぶ割れ目から大量の溶岩を流した。マグマと火山ガスなどが渾然一体となって山腹を流れ下る、火砕流を噴き出したこともある。さらにこの山は、時にはその優美な姿からはとても想像できないような、凄《すさ》まじい振る舞いをする。それが「山体崩壊」だ。

火山の活動というと、噴煙を上げたり溶岩流を流したりする噴火を想像するものだが、100万年近い火山の一生では、山そのものが崩壊する「山体崩壊」はけっして珍しい出来事ではない。むしろ、当たり前のように起きると考えた方がよい。例えば後で述べるように、磐梯山《ばんだいさん》は1888年の水蒸気噴火で大きく崩れ、発生した「岩屑《がんせつ》なだれ」は477人を飲み込んだ。また1980年には、米国西海岸のセントヘレンズ山が崩壊する様子が記録された。

岩屑なだれは、火山体を造っていた溶岩や火山灰、それに地表にあった土壌からなる。また河《か》川《せん》のある谷へなだれが流れ込むと、いわゆる土石流の様相を呈する。

富士山でも、このような堆積物がその東麓に広く分布し、「御殿場岩屑なだれ堆積物」と呼ばれている。厚さは御殿場駅周辺で10メートル、もう少し山に近い自衛隊滝ケ原駐屯地付近では40メートルにも達する。その分布や周辺の地層との関係、それに含まれる溶岩の特徴などを考慮すると、この山体崩壊は約2900年前に発生したようだ。破壊された山体の体積はなんと2立方キロメートル、黒部ダム10杯分に相当する。宮地直道さんたちの調査によると、当時の富士山には山頂の他に、その東側に古い山体が顔を出し、いわば「ふたこぶ」の形をしていた。そのひとつが山体崩壊で消え去ったのだ（図2－7）。

なぜこのような大崩落は起きたのか？　磐梯山やセントヘレンズ山ではマグマの活動、つまり噴火が引き金となった。しかし富士山ではこの時期に顕著な噴火活動は認められない。加えて、過去1万年間に限ると、富士山では比較的サラサラした玄武岩と呼ばれるタイプのマグマが噴き上げている。このマグマは磐梯山やセントヘレンズ山のようなネバネバしたものに比べると、山体崩壊を誘発するような爆発的な噴火は起こしにくい。

一方でこの活火山の直下には、南海トラフ巨大地震の元凶となるプレート境界や、付随する活断層がいくつも潜んでいる。この活断層帯が動けば、直下型地震が富士山を強烈に揺さぶり、この巨大な構造物、特に熱水やガスで変質した弱い部分が崩壊する可能性がある。

近年、産業技術総合研究所などの調査によって富士山の詳細な活動史が明らかにされつつある。その結果2900年前と同じくらいか、それをしのぐ規模の山体崩壊が、過去3万年の間に少なくとも6回は起きたようだ。統計学的に言うと、今後100年間に富士山で山体崩壊が発生する確率は約2パーセントである。これと同じくらい「低い」確率だったにもかかわらず、阪神淡路大震災や熊本地震は起きた。つまり、富士山の山体崩壊は明日起きても不思議ではない。

このような富士山崩壊は巨大な岩屑なだれや土石流を引き起こす。過去の例でも、周辺地域はもちろんのこと、はるかに離れた今の神奈川県県央から湘南地域まで土石流が到達したことがあ

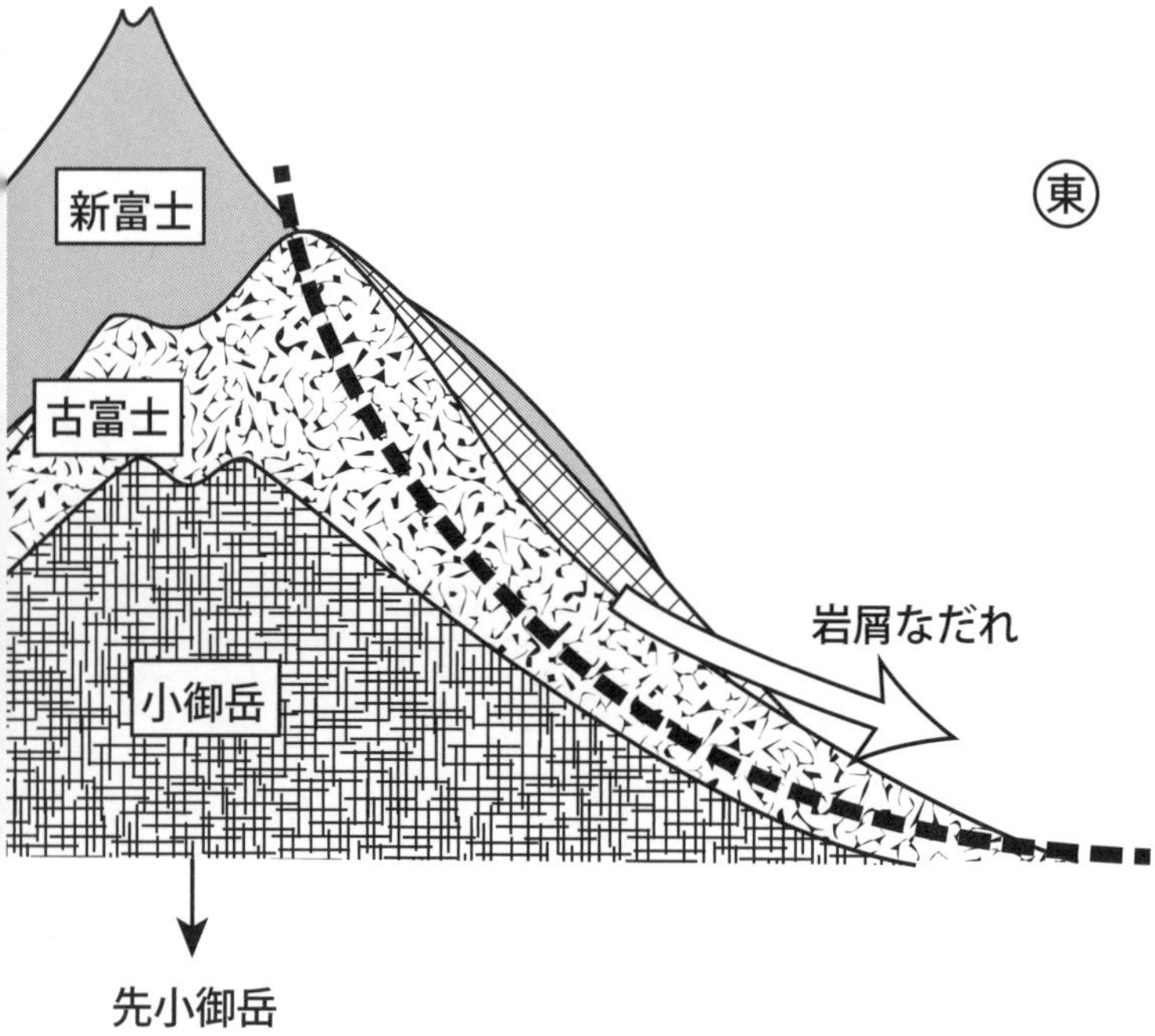

図２－７　４階建ての富士山で2900年前に起きた山体崩壊

るようだ。静岡大学の小山眞人《まさと》教授の試算によると、このような場合には最悪40万人が巻き込まれる（図2－6）。この被災者数は、現在想定されている富士山の大噴火と比べると圧倒的に大きい。

山体崩壊は大噴火に比べて発生の確率や頻度が低いので、ハザードマップはまだ整備されていない。しかし富士山ではこのような山体崩壊がいずれ必ず起きることを、行政も私たちもしっかりと認識して、土石流に対する対策や、速やかな避難対策の策定など、少しでも被害を抑えるための施策を実行に移すべきだ。

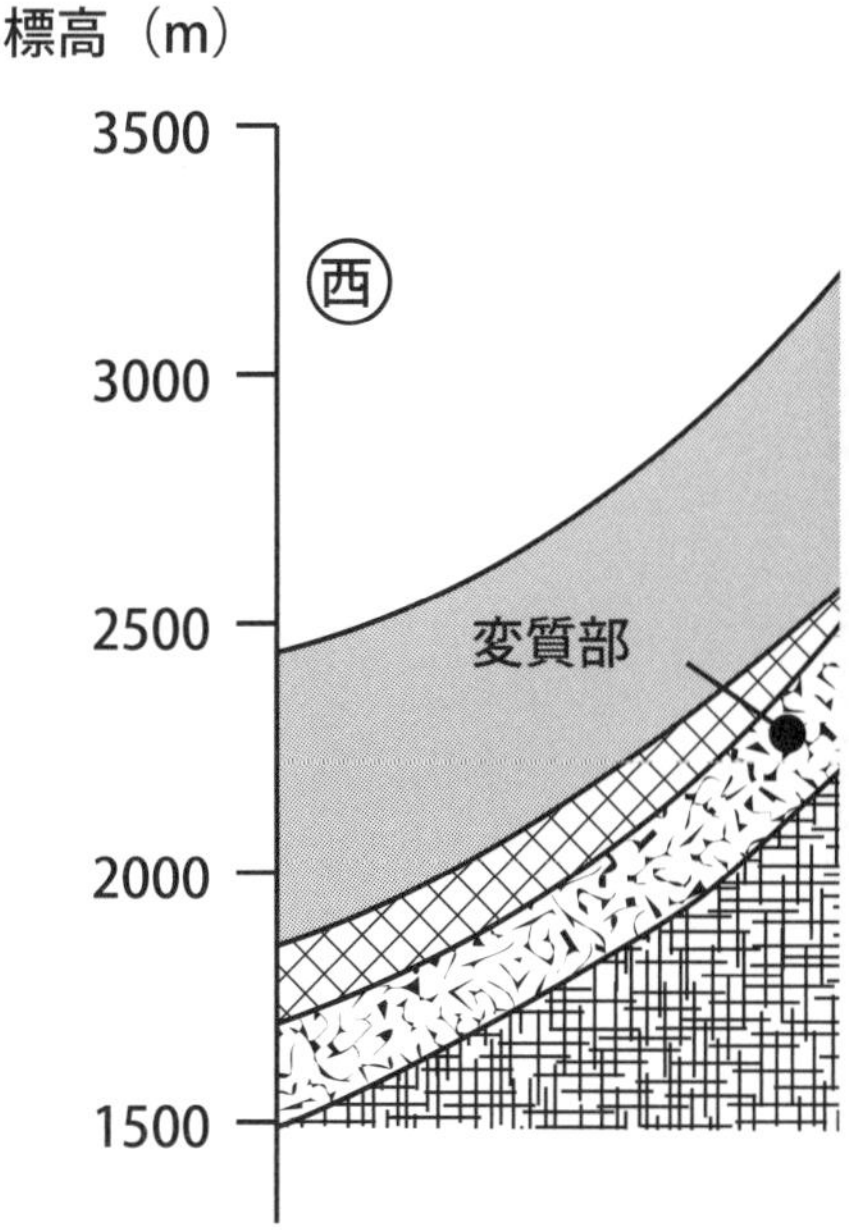

なぜ富士山は日本一高いのか?

大噴火や山体崩壊などの富士山が引き起こす災害について述べたのだが、やはり日本一の富士山に敬意を表して、富士山の凄さについても少し蘊蓄《うんちく》を傾けることにしよう。

日本最高峰の富士山は、550立方キロメートルという体積でも他の火山を凌駕《りょうが》する。世界で最も火山が密集する地帯である東北地方で大きい火山と言えば、八甲田山《はっこうださん》や榛名山《はるなさん》だが、それでも180立方キロメートル程度だ(図2-8)。東北地方には2000メートルクラスの火山もあるのだが、これらの火山体はもともと盛り上がった地盤の上にチョコンと乗っているだけで、火山そのものはそれほど大きくないのだ。

一方で伊豆・小笠原・マリアナ弧(それぞれの英語の頭文字をとって「IBM」と呼ばれる)では状況が一変する。もちろん富士山もこの火山帯に属すのだが、IBMの火山は平野や海底面から聳《そび》え立つ、正味《しょうみ》の火山である。従って、その体積は圧倒的に大きい(図2-8)。驚くことに、富士山よりはるかに巨大なものや、同程度の大きさの火山がIBMには林立している。

ここで重要なことは、東北地方とIBMで太平洋プレートの沈み込む速度はあまり変わらない、むしろ東北地方のほうが速いことだ(図2-8)。プレートが速い速度で沈み込むと、マグマの発生に必要な水などが多く供給される。その結果、時間当たりのマグマの発生量は多くなり、ひとつひとつの火山も大きくなる可能性がある。しかし、それほど大きな差のない速度で太平洋プレートが沈み込む東北地方とIBMでは、この影響はほとんどない。それにもかかわらず、IB

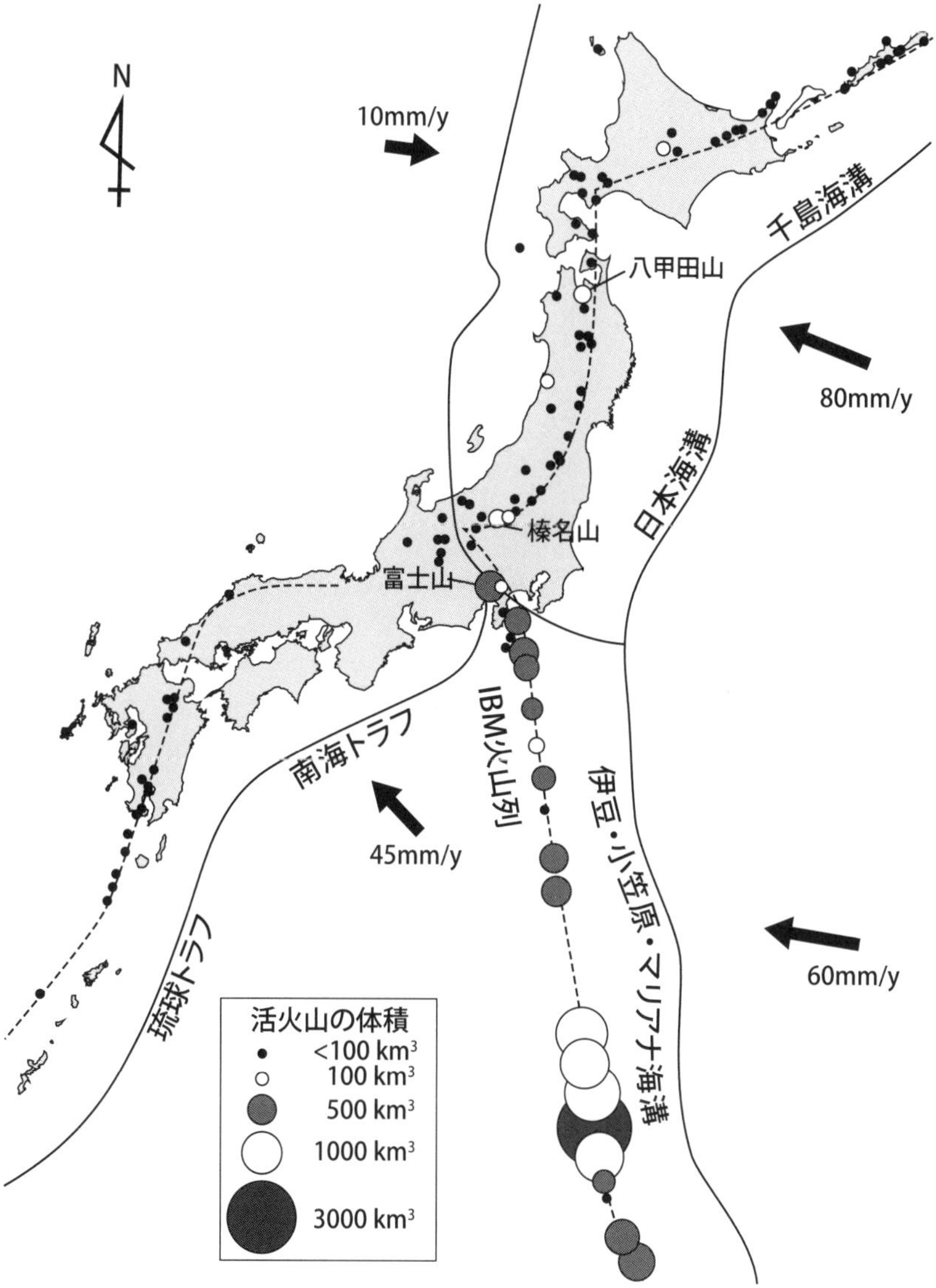

図２－８　日本の活火山の体積

Mでは巨大火山が形成されているのだ。いったい、なぜこんなことが起きるのだろうか？

日本列島のような沈み込み帯では、プレートから絞り出された水がマントルと反応してマグマができる。この液体のマグマは、マントルや地殻の下部を作る固体の岩石よりも軽いので「浮力」が働き、上昇する。しかし地殻の中部から上までくると、浮力を失いストップする。こうして「マグマ溜り」ができる（図２－９）。

マグマ溜りは徐々に冷えて結晶化が進む。その際には、多くの結晶には水は含まれないので、マグマの液体部分には水が次第に濃集することになる。一方で、先にも述べたようにマグマ中に溶け込む水の量には限界（溶解度）があり、これを超えると水は「アブク」となって、発泡現象が起きる。アブクは水蒸気、つまり気体であるので、軽い上に体積も大きい。従って、マグマ溜りで発泡が起きると、マグマは一気に膨張して軽くなり、このために岩石を破壊して急上昇する、つまり噴火が起きるのである（図２－３、２－９）。

ＩＢＭに巨大火山が並ぶ秘密

さてここで、マグマ溜りの深さが異なる場合の発泡現象とマグマの噴火を考えてみよう（図２－９ｂ）。もちろん元々は同じ量の水がマグマに含まれており、マグマ溜りの大きさ、つまりマントルから上昇してきたマグマの量も同じだとする。浅い所にできたマグマ溜りの中で発泡現象が起きるには、深いマグマ溜りより少ない結晶化で十分である。圧力の効果で水の溶解度が低いからだ。

ここで、東北日本でもＩＢＭでも同じ量のマグマが発生して地殻内でマグマ溜りを作るのだが、ＩＢＭでは浅いところにマグマ溜りができるとしよう。すると、浅いマグマ溜りでは少し結晶化しただけ、言い換えると液体が多く残った状態で発泡現象が起きて、大量のマグマが噴出する。そうだとすれば、ＩＢＭには富士山をはじめ巨大火山が並ぶのもうなずける（図２－９ｂ）。

このマグマ溜りの深さに違いがあるという仮説を検証するには、本州とＩＢＭで地殻の密度分布を調べて、マグマの密度と比較すればよい。ただ現状では、ボーリングで地殻深部の岩石を採取して、その密度を測定することはできない。一方で日本列島周辺では、ダイナマイトや圧縮空気を使って、日常生活には影響しない程度の人工地震を起こして、地殻の中を「ＣＴ検査」する観測実験が行われてきた。その結果、地震波、特にＰ波と呼ばれる縦波が伝わる速度の分布はよくわかっている（図２－９ａ）。ＩＢＭと東北日本の地殻の違いは一目瞭然だ。

次に、これまで室内実験でいろんな岩石について測定されたＰ波速度と密度の関係、それに地質学的に予想される地殻構成岩石の組成などを用いて、地殻の密度構造を推定して、マントルから地殻へ上昇してくるマグマの密度と比較してみよう（図２－９ａ）。

ＩＢＭでは深さ5キロメートル弱にマグマ溜りができるのに対して、東北日本では15キロメートル、場合によっては20キロメートルもの深さで、浮力で上昇してきたマグマはいったん滞留し、マグマ溜りを作ってしまう。そのためにＩＢＭでは少し結晶化しただけで発泡が起こり、多量の

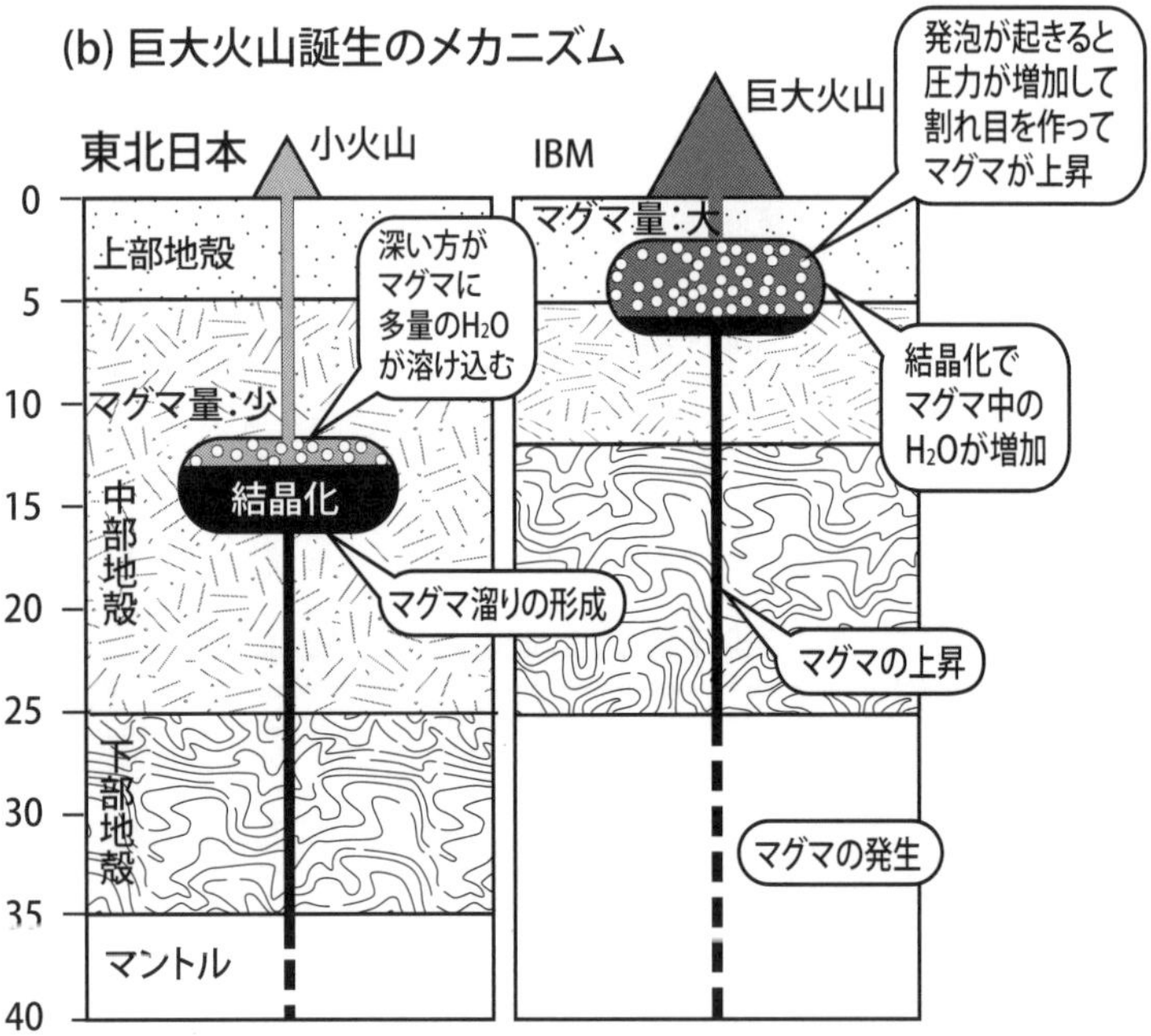

図２－９　東北日本に比べてIBMの火山が大きい理由

マグマが地表へ噴出して、富士山をはじめとする巨大火山が誕生するのだ。

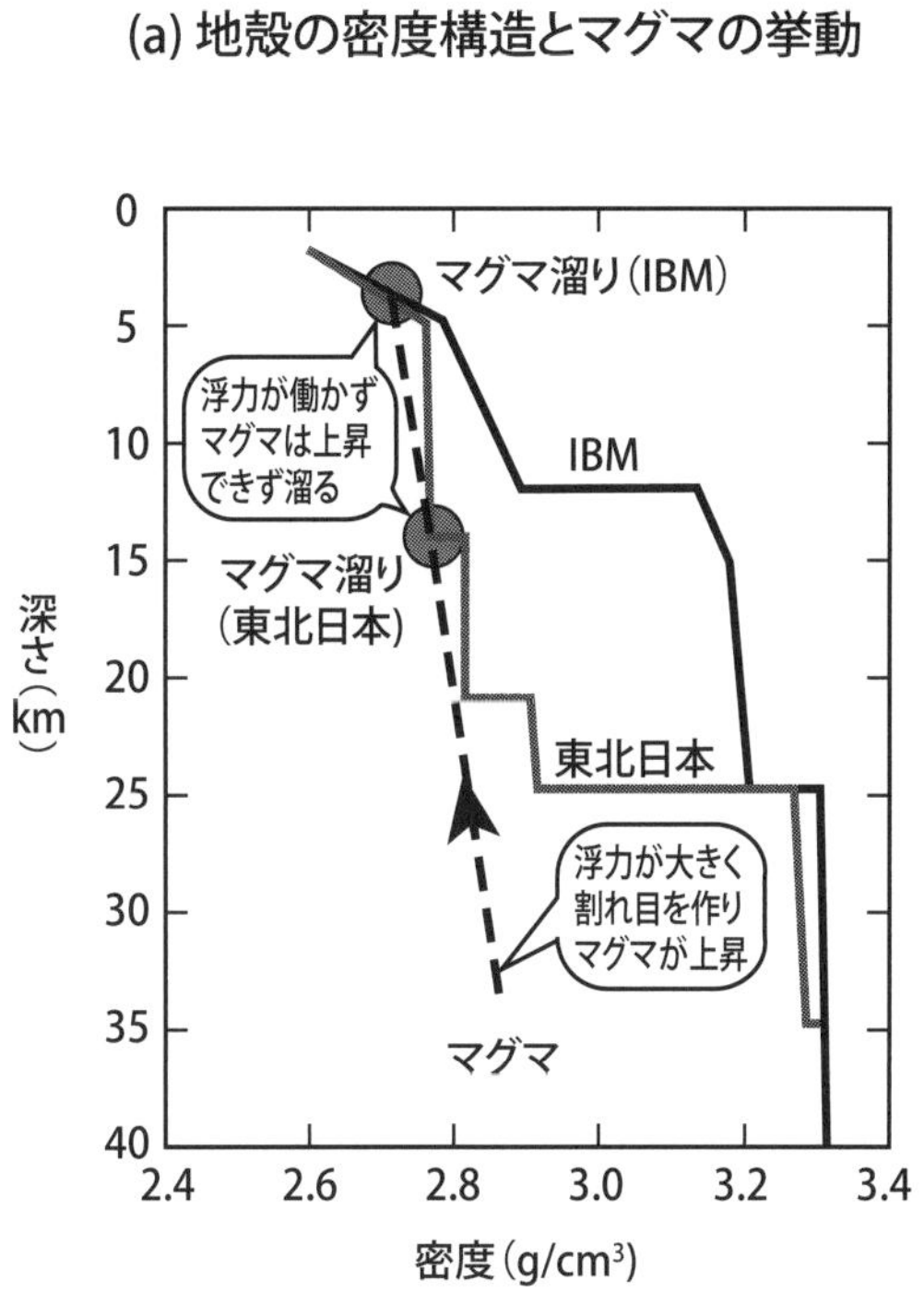

巨大地震は噴火を誘発するのか？

２０１１年３月11日に発生した東北地方太平洋沖地震（以下「３・11」と呼ぶ）は、マグニチユード9を超える海溝型超巨大地震だった。地震の震源域、つまり地震を引き起こした断層の大きさは長さ約500キロメートル、幅200キロメートル、最大すべり量は50メートルを超えた。この断層の上盤のプレートに蓄積された「ひずみ」が一気に解放されたのだ。同じように、フィリピン海プレートが沈み込む南海トラフ近傍にも大きなひずみが蓄積されていて、その結果、南海トラフ巨大地震が起きる。「トラフ」というのは海溝の一種で、プレートが沈み込むためにできる海底の溝であるが、海溝に比べるとやや浅いものをさす。

しかし、ひずみは何もこれらの海溝近くにだけ溜まっているのではない。2つの沈み込むプレートの運動によって、日本列島全体がギュウギュウに押されて縮み上がっている（図2－10a）。だから、日本列島内でも、兵庫県南部地震、熊本地震、それに大阪府北部地震のような直下型（内陸型）地震がしばしば起きて、ひずみが解放されているのだ。

このように、地震、とりわけ超巨大地震が起きることで、日本列島にかかる力やひずみの状態が大きく変化する。この激変が連鎖的に他の異変を引き起こす可能性は十分にある。

そんな状況下で、3・11以降、日本列島では火山噴火が相次いだ。2014年の御嶽山噴火は戦後最悪の火山災害となったし、2018年草津白根山の噴火でも尊い命が失われた。その他、新島誕生で話題となった西之島、浅間山、箱根、そして九州では阿蘇山、霧島連山新燃岳《しんもえだけ》・硫黄山、桜島、口永良部島などでも噴火が起きた（図2－10b）。また、幸い噴火には至らなかったが、富士山をはじめとする多くの活火山では、地下のマグマ活動が活性化したことを示す火山性地震が観測されている（図2－10b）。

巨大地震と津波の惨劇、さらにはフクシマの悲劇が起きた後に火山噴火が頻発したことは、人々に大きな動揺を与えた。すると、そんな人々の不安を煽《あお》るかのように、3・11海溝型超巨大地震が発生した影響で、日本列島が「火山活動期」に入ったと述べるマスコミや、その片棒をかつぐ専門家も現れた。おそらくこれらの専門家は、20世紀以降世界各地で発生した5回の超巨大地震の後に、例外なく近隣の火山で噴火が起きていたことを念頭に置いていたと思われる。ただ、超巨大地震が火山噴火を誘発するメカニズムをきちんと示した上で警鐘を鳴らしたわけではない。

このような煽りにも、ある一定の効果はあるかもしれない。それは、自分だけは大丈夫などという、まったく根拠のない思い込み（正常性バイアス）に陥った「変動帯の民」の注意を喚起することだ。しかしこのような扇動はマスコミ自身が典型的にそうであるように、少し火山活動が下火になると「静穏期」に戻ったという間違った認識を助長しかねない。

ここでは、地震が噴火を誘発するメカニズムを科学的に考えて、日本列島における最近の火山噴火の原因を探ってみることにしよう。

日本列島のマグマ活性化の正体

3・11発生前に強烈な圧縮状態にあった日本列島は、巨大地震の震源域周辺でひずみが解放されたために、逆に引き伸ばされた状態になった。とくに震源に近い東北～関東地方では、この激

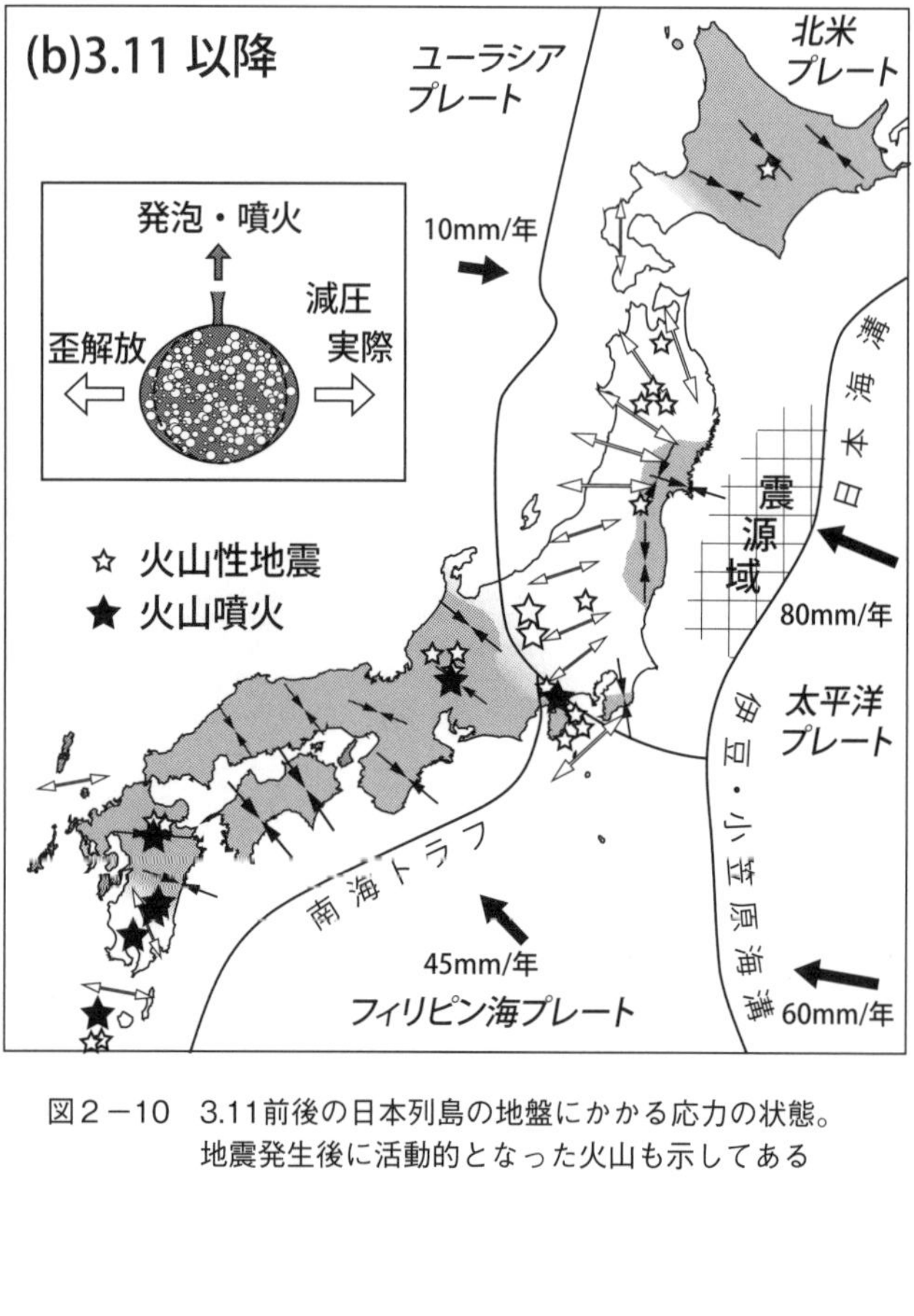

図２－10　3.11前後の日本列島の地盤にかかる応力の状態。
地震発生後に活動的となった火山も示してある

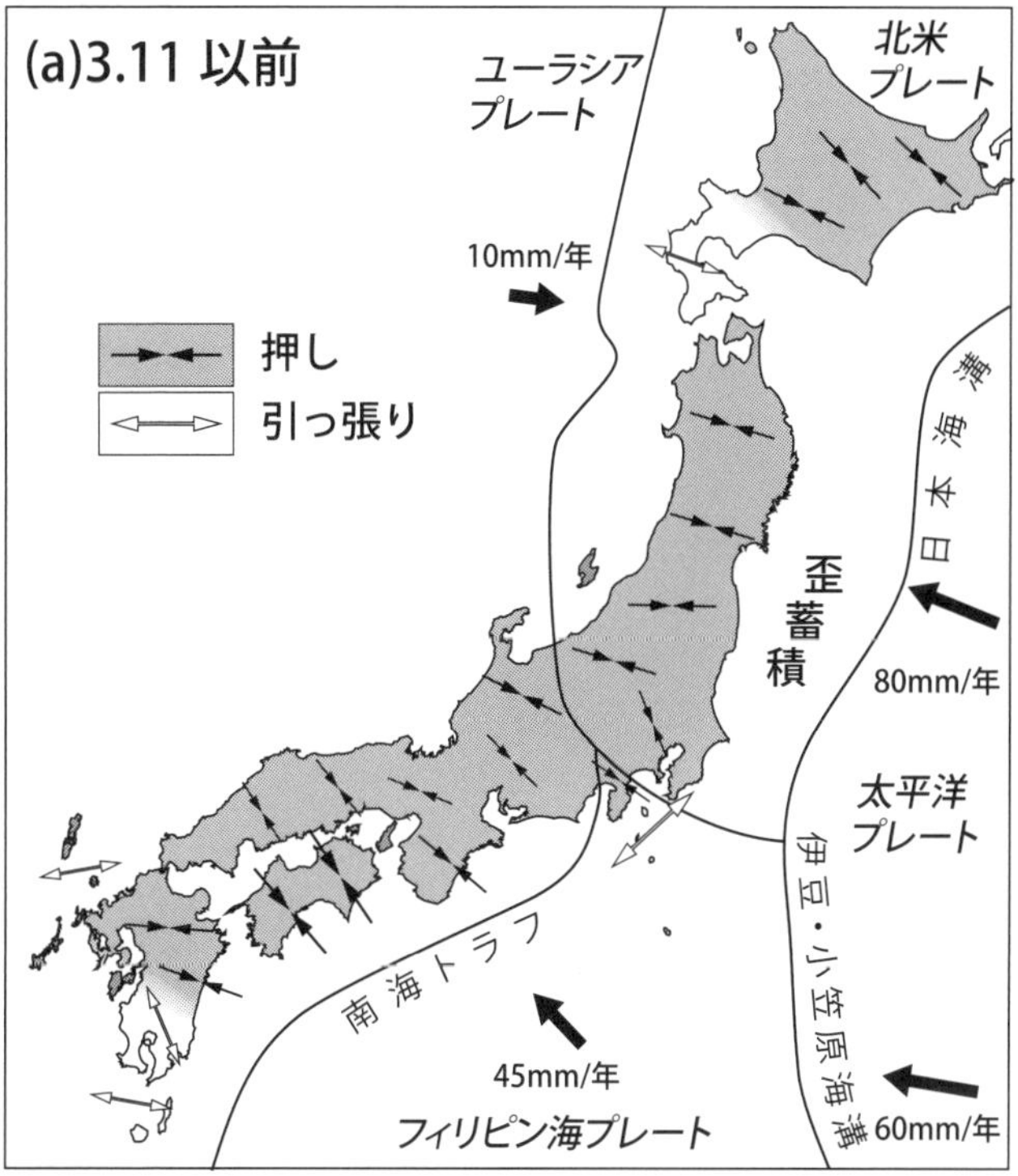

(a)3.11 以前
ユーラシア
プレート
北米
プレート
10mm/年
押し
引っ張り
日本海溝
歪蓄積
80mm/年
太平洋
プレート
伊豆・小笠原海溝
南海トラフ
45mm/年
60mm/年
フィリピン海プレート

変を国土地理院のGPS観測がはっきりと捉えている（図2－10ｂ）。押し縮められていた地盤が引っ張られる状態になるのだから、火山直下のマグマ溜りも引き伸ばされて圧力が低下するはずだ。先にも述べたように、この状態は、炭酸飲料の栓を勢いよく開けた状況と同じである。つまり、地震の発生による近くの応力状態の変化によって、マグマ溜り内では減圧に伴い、発泡現象が起きる可能性がある。これが「マグマ活性化」の正体である。

実際3・11以降、八甲田山《はっこうださん》、秋田焼山《やけやま》、岩手山、秋田駒ヶ岳、蔵王《ざおう》、富士山などでは火山性の地震活動が活発化した。中でも3・11の4日後、15日の夜には富士山直下14キロメートルでM6・4の静岡県東部地震が発生し、その後5キロメートルの深さまでの領域で地震活動が活発化した。これまでの観測などで、富士山には15キロメートル程度の深さにマグマ溜りがあると推定されており、まさにマグマが上昇を始めたように見えたのだ。まったく幸いにして1年余りでこの異常状態は見られなくなったのだが、多くの火山学者は富士山噴火を覚悟した。

ここで重要なことは、これらの東北から関東の火山は、いずれも3・11によって、地殻にかかる力の状態が引っ張りに転じた領域にあることだ。さらに、噴火が認められた草津白根山、浅間山、箱根山もこの領域にある。やはり、20世紀以降、世界各地で認められた超巨大地震の発生と火山噴火（マグマ活性化）の法則は、3・11でも成り立ったのである。

しかしここで注意すべきは、3・11以降の多くの噴火は、この地殻応力激変地帯とはまったく関係のない火山で起きたことだ。御嶽山は微妙な位置にあるのだが、少なくとも九州の火山たちや西之島では、3・11の影響はまったく及んでいないと考えられる。これらの火山は、それぞれが3・11とは無関係に、独自の息遣いをしているだけなのだ。

もうおわかりであろう。日本列島の火山全体が3・11によって活性化したのではないか、と不安になる必要はまったくない。ただし、東北から関東地方では近くの応力状態が「正常」に戻るには数十年はかかるであろう。つまりこれらの地域では、これまで以上に火山噴火を警戒すべきである。そして、先に強調したように、活火山だけが危ないわけではない。日本列島には300もの待機火山が存在し、その地下にはマグマが息をひそめているのだ。

これらの火山はいつマグマを噴き上げたり水蒸気爆発を起こしても、不思議ではない。3・11との連動を心配するより、待機火山の危険性を認識することの方が、はるかに火山大国の民にとっては大切なのだ。

普賢岳で発生した「火砕流」の脅威

日本で「火砕流《かさいりゅう》」という言葉がよく知られるようになったのは、1991年6月3日に雲仙・普賢岳で発生した火砕流で、43名の犠牲者を出した惨劇以降のことだ。山頂付近で成長中だった溶岩ドームが崩落し、溶岩塊が斜面上を転落していく間に、さらに細かく粉砕されて、溶岩内部から噴出した高温ガスや周囲から取り込まれた空気が、溶岩片や火山灰と一体になって谷沿いに流下したのだ。このような溶岩ドーム崩壊型の火砕流は、このタイプの火砕流が頻繁《ひんぱん》に生じているインドネシアの火山名をとって「メラピ型」と呼ばれる。

普賢岳の場合、5月23日に初めて小規模火砕流が発生し、その後溶岩ドームが成長するにつれて、火砕流の規模も大きくなっていった。その到達距離は、5月25日は2・5キロメートルだったが、29日には3キロメートル、6月8日の最大規模の火砕流では5・5キロメートルに達した。火砕流には火山ガスやマグマが含まれるために高温で、摂氏数百度を超える場合も珍しくない。また、主に気体と細かな火山灰からなる部分はとくに流動性が高く、火砕流本体に先行して流下する場合がある。「火砕サージ」と呼ばれる現象だ。サージとはもともと、押し寄せる大波やうねりを意味する言葉である。6月3日の犠牲者の多くはこのサージに巻き込まれたものと見られている。

しかし、火砕流にはメラピ型とは違うメカニズムで発生するものもある。それが「噴煙柱崩壊型火砕流」だ。この火砕流は、桁外れに多量のマグマを短時間で噴き上げて、その結果、巨大な窪地「カルデラ」を形成することもある。このタイプの噴火では、数十キロメートルの高さの巨大な噴煙柱が立ち上がることもある。このように、多量のマグマが巨大な噴煙柱を形成する噴火は「プリニー式噴火」と呼ばれる。プリニーの名は、西暦79年にポンペイの街を火山灰で埋め尽くしたヴェスビオ火山の噴火に遭遇した、古代ローマの博物学者の名に由来する。

火山ガスと火山灰、それにマグマの破片が火口から噴き上げられると、周囲から取り込まれた空気が熱せられて膨張するために、噴煙は急激に軽くなって、やがて大気よりも軽くなるために、浮力で上昇するようになる（図２－11）。周囲の大気の密度は高度とともに小さくなるので、やがて上昇する噴煙は浮力を失うことになる（図２－11の「密度中立レベル」）。しかし上昇してきた噴煙には慣性があるので、最高高度にまで達した後、密度中立レベルまで戻って、その高さで周囲へ広がってゆくことになる。その結果、噴煙は傘のような形を呈するのだ（傘型噴煙部）。

恐るべき速度と温度をもつ大火砕流

プリニー式噴火によって大量のマグマが噴出すると、火山の地下にあった「マグマ溜り」に空洞が生じて、カルデラの陥没が始まる。その結果、マグマ溜りから延びるいくつもの破れ目が地表と直結し、そのことで噴火はクライマックスに達する（図２－11）。

もちろん、このステージでは、プリニー式噴火より遥かに膨大なエネルギーでマグマが噴出されるのだが、プリニー式噴火のようにひとつの火口ではなく、あちらこちらの破れ目からマグマが噴出されるために、噴き上げる速度自体はプリニー式噴火に比べて小さくなってしまう。水鉄砲の穴が大きいと水が勢いよく飛び出さないのと同じ原理だ。その結果、噴煙柱は十分に空気を取り込めず、上昇できなくなってしまう。そうなると、噴煙柱は自らの重さに耐え切れなくなって崩れてしまう。噴煙柱の崩壊が起きると、火山灰や軽石、それに火山ガスなどの噴出物は全方位に大火砕流となって広がっていく（図２－11）。

火砕流は流走中に多量の空気を巻き込むために、きわめて流動性に富む。そのスピードは時速

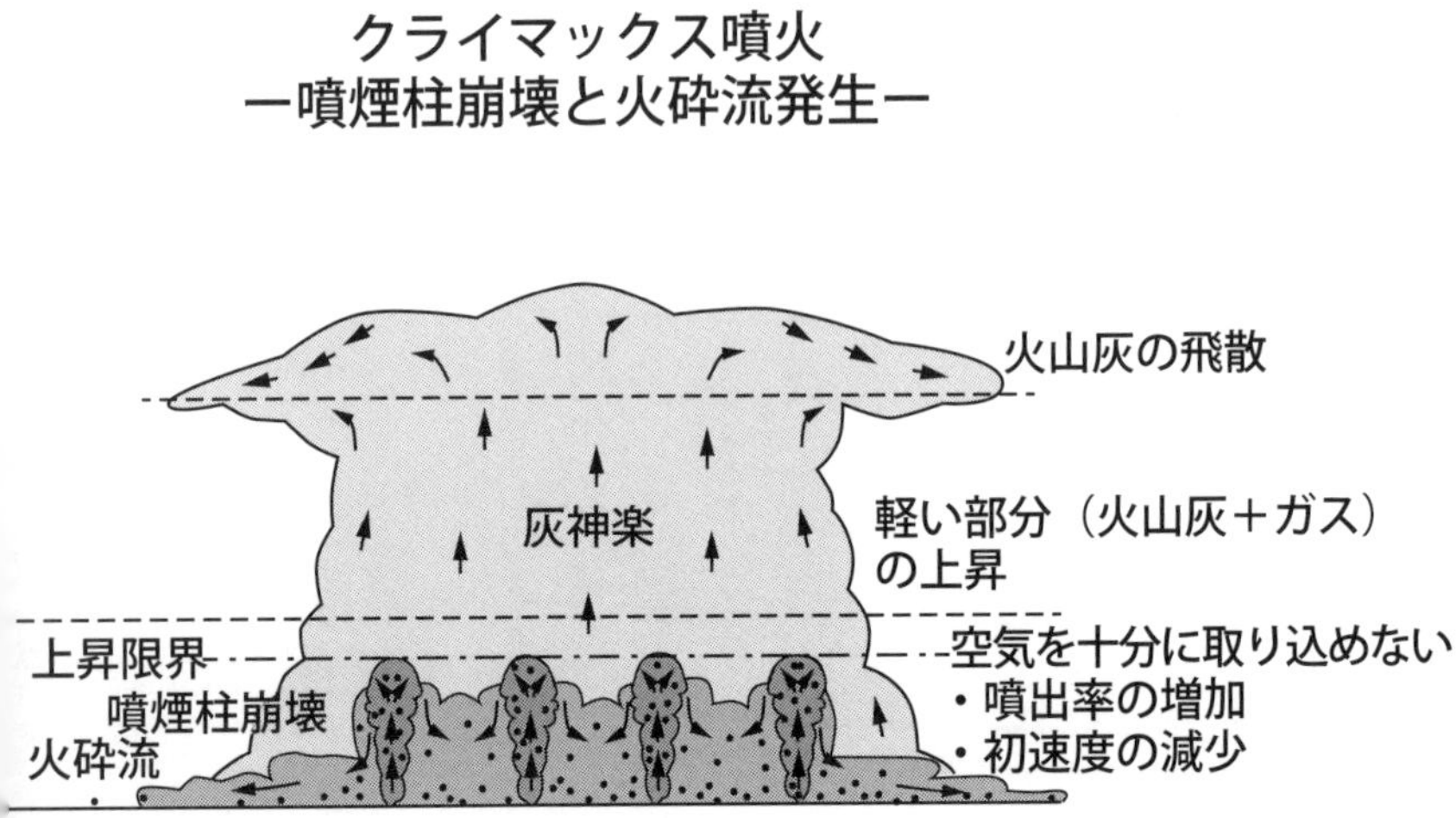

図２－11　巨大カルデラ噴火の様子。プリニー式噴火に続いて火口が拡大することなどで、火砕流や広域火山灰を伴うクライマックス噴火が起こる

１００キロメートルを超える場合もあり、１０００メートルクラスの山々を簡単に乗り越えてしまうのだ。さらに恐ろしいことに、その温度は摂氏数百度を超える。つまり、巨大カルデラ噴火で発生した火砕流に覆われる領域では、すべての生命活動は奪われることになる。

１９０２年に西インド諸島のマルティニーク島のプレー火山で火砕流が発生した際には、２万９０００人の住民が亡くなった。火砕流の直撃を受けたサンピエールの町での生存者は２名。石造りの地下牢にいた囚人と、地下室にずっとこもっていた心配性の住民だったという。

噴煙柱が崩壊して大火砕流が発生すると同時に、噴煙柱の中の火山灰やガスからなる軽い部分は灰神楽《はいかぐら》となって、どん

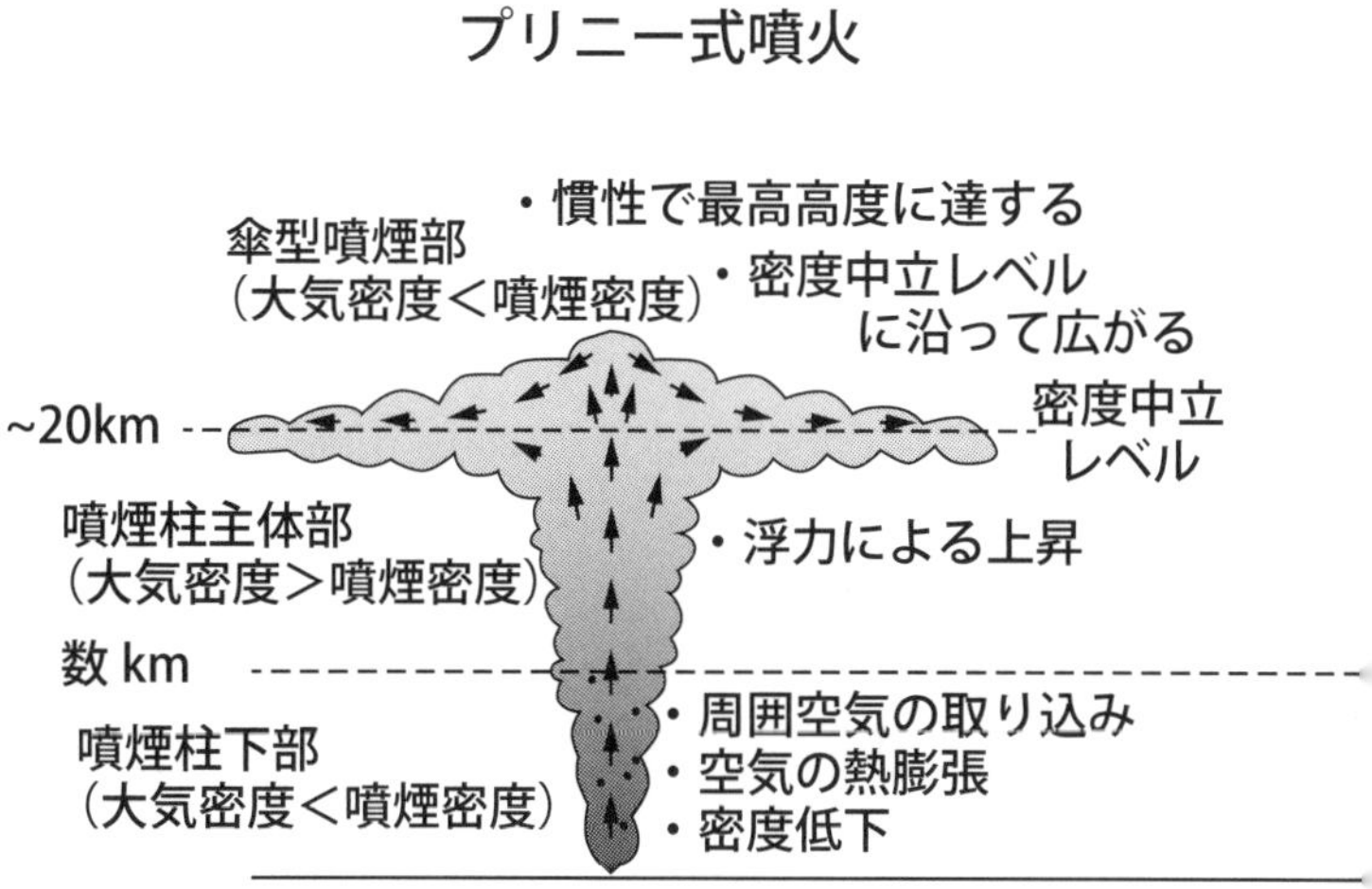

どんと上昇し、やがて周囲に拡散していく（図2－11）。日本列島上空では強い偏西風が吹いているために、クライマックス噴火で噴き上げられた火山灰は、主に東方へと運ばれていくことになる。

このようなプリニー式大噴火や大火砕流は、幸いにして約2000年の日本史上では起きていない。しかしこの事実を安心材料にするのは間違いである。火山の営みは日本の歴史よりはるかにタイムスケールが長く、日本列島の火山は、有史以前にこのような大噴火を幾度となく起こしてきたのだ。だから、これからも必ずそれは起きる。日本史上一度も起きていないということは、逆に言うと、あのルシアンルーレットで、まったく幸いにして生きながらえているようなものだ。これから大噴火が起こる確率はどんどんと上がってゆくのだ。

このことをしっかりと認識していただくために、過去の日本列島で起きた火砕流や巨大噴火の例を挙げることにしよう。まずは、首都東京に最も近い火山のひとつ、箱根を取り上げる。

かつて首都圏を襲った箱根火砕流

２０１５年6月、箱根火山で観測史上初めての噴火が起きた。噴火はごく小規模であったのだが、大涌谷《おおわくだに》での激しい噴気活動の映像が連日のようにテレビで流れ、気象庁も噴火警戒レベルを入山規制に引き上げたために、世間は騒然となった。

あれからわずか3年。箱根山《はこねやま》は穏やかな観光地に戻り、人々は温泉という「恩恵」に浴している。だが忘れてはいけない。都心からたった80キロメートルしか離れていないこの活火山は、過去に何度も大噴火を繰り返してきたのだ。だから、バリバリの活火山箱根火山は将来も必ず大噴火する。

この火山には「カルデラ」と呼ばれる直径約10キロメートルの凹地《くぼち》がある。芦ノ湖はそこに溜まった湖だ。このカルデラの一部は、６万年前の大噴火によってできたものだ。

ところで、関東平野の台地には、「関東ローム層」と呼ばれる地層が広く分布《ぶんぷ》している。赤土とも呼ばれるこの地層は、富士山や箱根山、それに浅間山が噴き上げた火山灰が降り積もったものだと勘違いしている人も多いが、そうではない。乾いた地面から強風で巻き上げられた火山灰などの「土埃《つちぼこり》」なのだ。東京西部の武蔵野台地にも関東ローム層が厚く堆積している。その中に厚さ10～20センチほどの軽石層が挟まれている。ローム層に比べて白っぽいのでよく目立つのだが、これは正真正銘の火山噴出物で、「東京軽石層」と呼ばれる。

この軽石層は東京だけでなく神奈川県にも広く分布する。しかも西へ行くほどに層は厚くなり、軽石のサイズも大きくなる。例えば大磯丘陵西部の大井町付近では、厚さ2メートル、軽石は10センチを超える。このような証拠から、東京軽石層の噴出源は箱根火山だと考えられている（図2－12）。またその噴火は、上下の地層との関係や箱根火山の地質などから、約６万年前に起きたと推定されている。

大噴火を30万年間に4度起こしている箱根火山

東京軽石層は、先に述べた「プリニー式噴火」で噴き上げられた軽石が降り積もったものだ。日本史上最大の噴火のひとつである１７０７年の富士山宝永噴火では当時の江戸に２～３センチの火山灰が降り積もり、大混乱となった。

現代日本で同様の噴火が起きれば、首都機能は大打撃をくらい、人々は困窮に陥る。たった数センチの降灰でこの有様なのだから、10センチの軽石と火山灰に襲われた首都は、完全麻痺に陥るだろう。現在この範囲には約２８００万人が暮らすが（図2－12）、その日常は完全に破壊する。

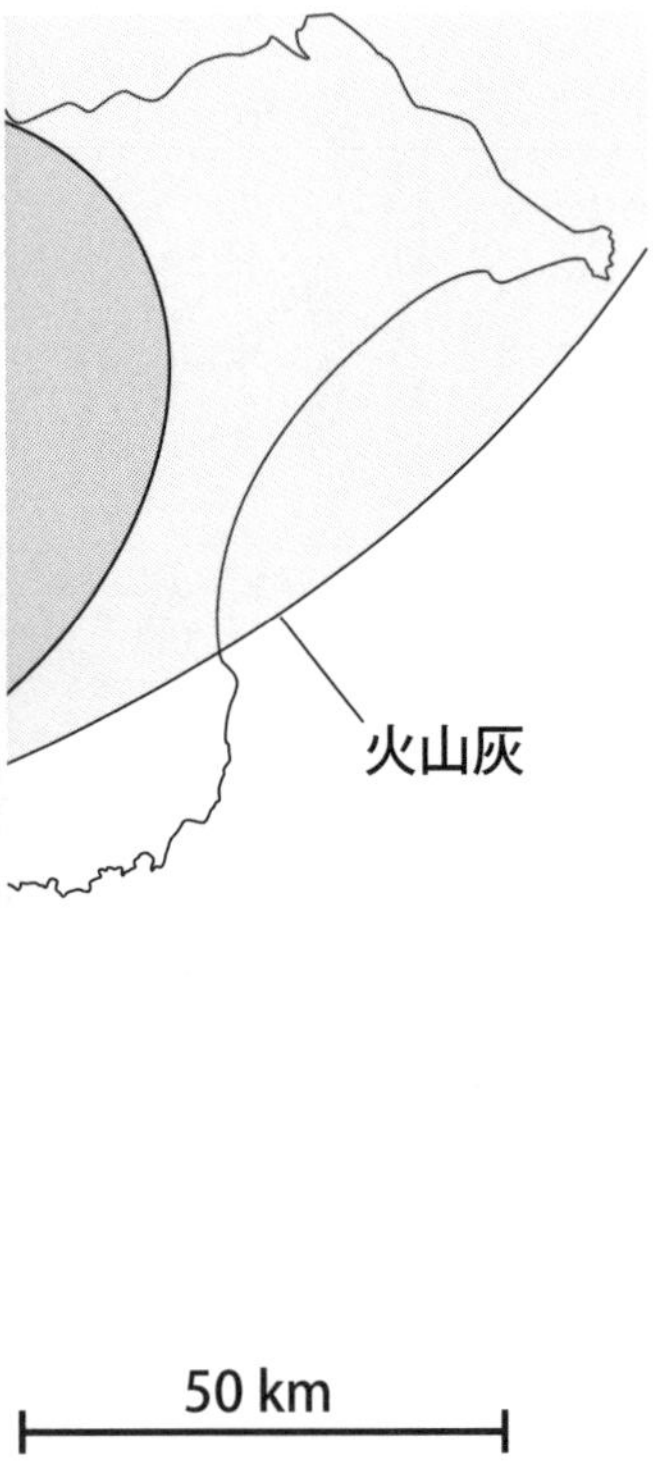

先に述べたように、プリニー式噴火に引き続いて、カルデラの陥没を伴うクライマックス噴火が起きて、大火砕流が発生する場合があるが、6万年前の箱根火山の噴火でも同じように推移した。東京軽石層の直上《ちょくじょう》に火砕流が堆積しているのだ。火砕流の痕跡は、東は現在の横浜市保土ヶ谷区や三浦半島、西は静岡県沼津市を越えて富士宮市でも確認される（図2－12）。

他の火山の例からすると、火砕流は箱根から1時間以内に横浜に到達したと思われる。こんなにも広い地域が、一瞬にして焼け野原と化したのだ。今、同規模の火砕流が発生したとするならば、５００万人近い人々は「瞬殺」である。

ここで重要なことは、箱根火山はこのクラスの大噴火を過去30万年間に4度も起こしていることだ。この火山の地下で、同じメカニズムでマグマが蓄積して大噴火に至るとすれば、箱根火山

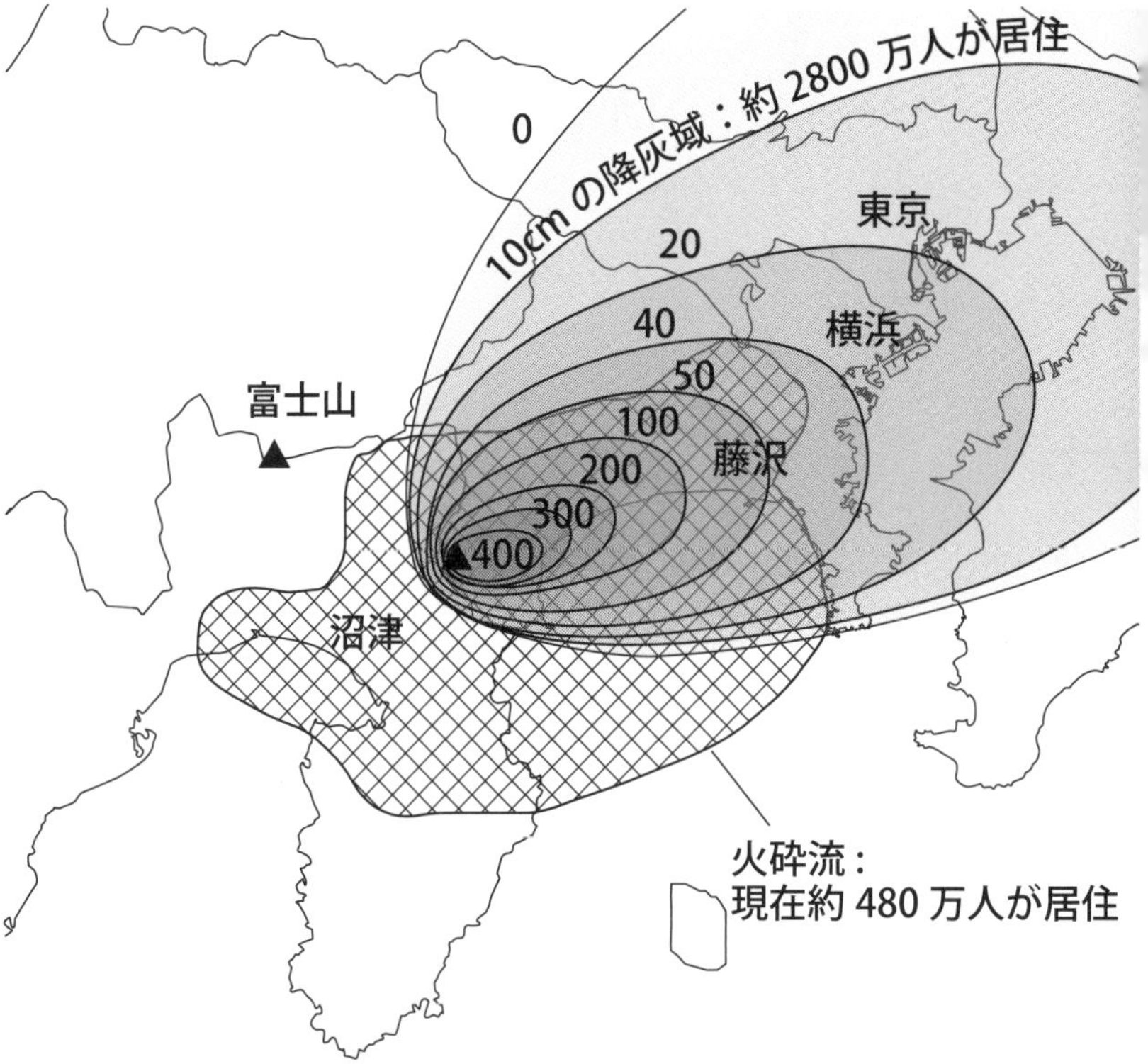

図２－12　６万年前の箱根山噴火に伴う「東京軽石」の分布（数字は層の厚さ、センチメートル）と火砕流の到達範囲
神奈川県立生命の星・地球博物館のデータを基に作成

は約7万年に一度大噴火を繰り返す「くせ」があると言える。確率で表すと、今後100年間に大噴火が起きる確率は約0・2パーセント。この一見低い確率は、じつは明日起きても不思議でないと示していることを忘れてはならない。さらに壊滅的な被害を考えると、箱根山大噴火の「危険値（＝想定死亡者数×年間発生確率）」は100人近くになり、毎年のように起きる豪雨災害に匹敵する。

日本喪失を招く「巨大カルデラ噴火」

日本史上最大規模の噴火は富士山宝永・貞観噴火や桜島大正噴火で、およそ1・5立方キロメートル（東京ドーム1300杯分）のマグマを噴き上げた。一方で、カルデラ噴火の規模はこれを遥かに凌駕する。先に述べた箱根火山の噴火では、その数倍のマグマが火山灰や火砕流として広範囲に飛散したのだ。

しかしじつは、日本列島ではこのような大噴火の十倍〜百倍以上ものマグマを一気に噴出する「巨大カルデラ噴火」がしばしば起きてきた。直近のものは7300年前に現在の薩摩硫黄島（鹿児島県三島村）周辺で起きた鬼界《きかい》カルデラ噴火である。後で詳しく述べるが、この噴火では高温の火砕流が海を渡って九州を襲い、先進的な南九州縄文文化を壊滅させた。また噴き上げられた火山灰は東北地方にまで達した。

日本列島では、地質記録がよく揃っている過去12万年間だけでも、北海道と九州の7つの火山で11回の巨大カルデラ噴火が起きてきた（図２－13）。日本列島は偏西風帯に位置するために、九州の巨大カルデラ火山で噴き上げられた火山灰は日本列島を広く覆うことになる。

先に述べたように、６万年前には現在の東京付近では箱根山大噴火による軽石が降り積もったのだが、その他にも少なくとも三度、はるか九州で起きた巨大カルデラ噴火で噴き上げられた火山灰が関東平野を覆ったことがある（図２－13）。そのうちのひとつは、20センチメートル近くもの厚さがあり、比較的粗くてザラザラした火山灰なのだが、当初はその起源がわからず、最初に発見された地域名をとって「丹沢軽石」と呼ばれていた。１９７０年代に、町田洋《ひろし》と新井房夫の研究によって、丹沢軽石に含まれるガラスや鉱物組成などの特徴が同じ火山灰が日本列島に広く分布し、これらは今から約３万年前に九州南部の姶良《あいら》カルデラが陥没した際の超巨大噴火によって噴出されたものであることがわかった。こうして「姶良・丹沢（ＡＴ）火山灰」が、国内で初めて「広域火山灰」として認識されたものである。

もちろん、この巨大カルデラ噴火では、噴煙柱の崩壊（図２－11）によって大規模な火砕流が発生し、１０００メートル近い山々を乗り越えて流れ、半径１００キロ以上の領域を焦土と化した。地元では「シラス」とよばれるこの堆積物は、現在でも場所によっては２００メートル近くの厚さがある。この噴火で地下から噴き上げられたマグマの総量は、少なくとも３００立方キロメートル。仮にこのマグマを九州全域に流すと、厚さはなんと8メートル。東京23区域で冷え固まったとすれば、標高５００メートルの高原が出現することになる。

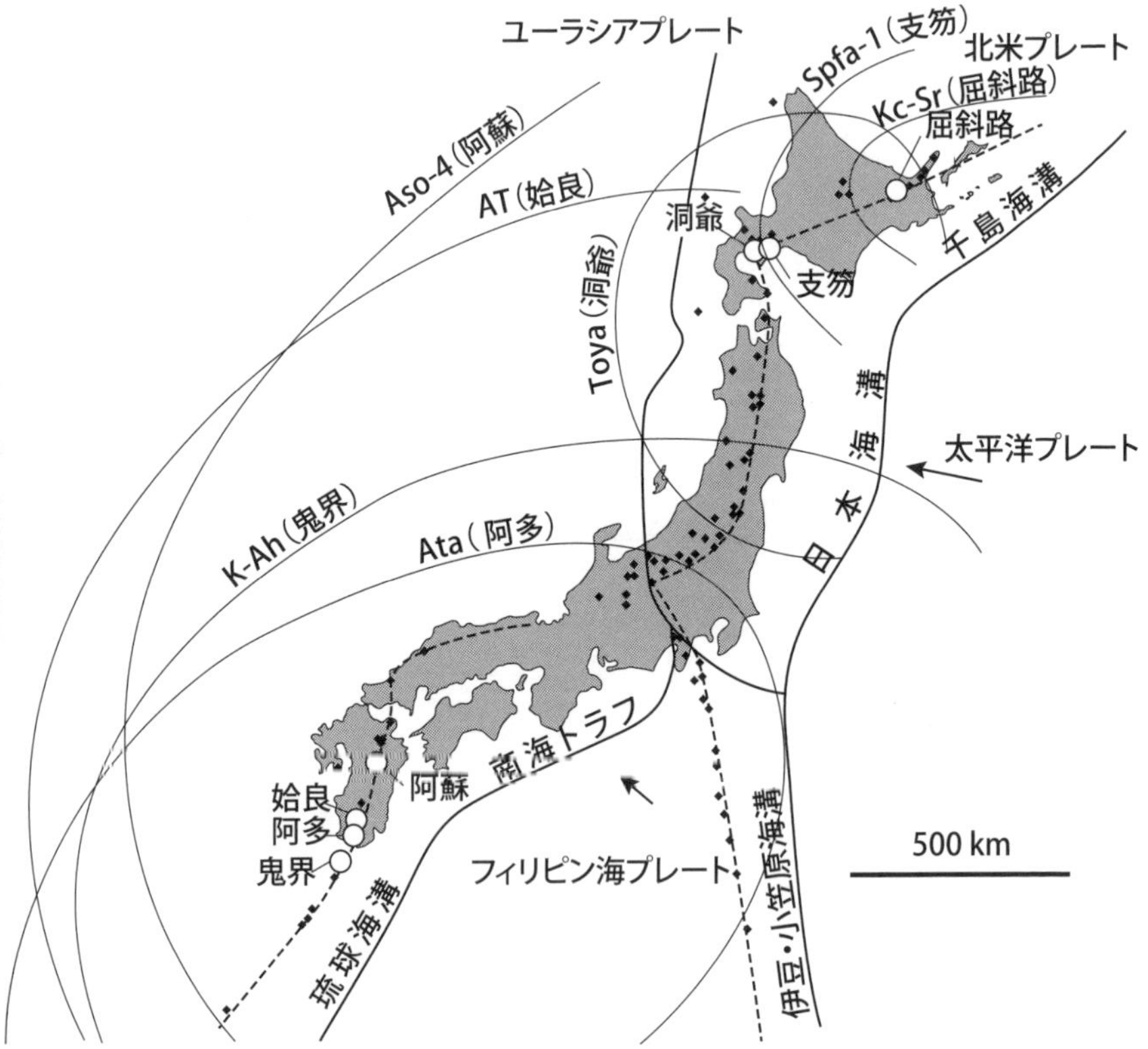

図２－13　日本の巨大カルデラ火山（白丸）と広域火山灰
黒丸は活火山

降灰が北海道にまで及んだと考えられる阿蘇の大噴火

地質記録がよく残っている過去12万年で最も激烈だったのは、今から約９万年前に起きた「阿蘇４」噴火だ。なにせ古いので、火山灰などが地層の中にも残っていない場所が多いのだが、おそらく降灰は北海道にまで及び、火砕流は九州ほぼ全域と現在の山口県や愛媛県まで達した。マグマの総噴出量を正確に求めるのは困難だが、１０００立方キロメートルを超えると考えられている。

巨大カルデラ噴火の想像を絶する凄さを少しは実感していただけただろうか？　そうだとしても、多くの読者はまだ「余裕」があるはずだ。なぜならば、日本列島では過去12万年で11回、単純に計算すると、日本列島では約1万１０００年に一度、巨大カルデラ噴火が起きてきたことになる。そして鬼界噴火から既に７３００年経過している。だから次の噴火が起きるのは４０００年先だから、きっと大丈夫にちがいない。

しかし、自然はそれほど単純かつ慈悲深くはない。この「低頻度超巨大災害」がいかに差し迫ったものかは、この本の最後にじっくりとお話しすることにしよう。

第3章　なぜ、日本には火山が多いのか

太古の地球は「マグマの海」に覆われていた

前章では火山噴火について述べたが、そもそも噴火が起きるのは、地下の岩石が融《と》けてできたマグマが、地表に向かって上がってくるからである。でもきっと、地下の岩石が融けるといっても、なぜ融けるのか、なぜ日本列島に火山が集中するのかなど、読者諸氏にとってはわからないことだらけであろう。そこでここでは、マグマについてもう少し解説することにしよう。

私たちの地球は、今から45・7億年前、太陽系の形成とともに誕生したと言われている。地球のできた時期を決めるのだから、地球で最も古い岩石や鉱物を調べればよいと考えるのは当然だ。また、年代を求めるには、不安定な親元素が、放射線を出しながら一定の割合で娘元素へと変化する現象（放射性崩壊）を用いた「放射時計」が使われる。例えば、岩石中の質量数１４７のサマリウムが崩壊して生じる、質量数１４３のネオジムの量を正確に測定することで、岩石の形成年代を求めることができるのだ。科学者たちは、このような方法を用いて、地球上にある古そうな岩石や鉱物の年代測定を行ってきた。

その結果、約40億年近い年代を示す岩石や鉱物は地球上のあちらこちらで見つかった。しかし、それより古いものは極端に少なく、オーストラリア西部のピルバラと呼ばれる砂漠地帯と、カナダと南極大陸などの一部にしか存在しない。しかも、いくら頑張っても、44億年より古いものは見つからないのだ（図３－１）。

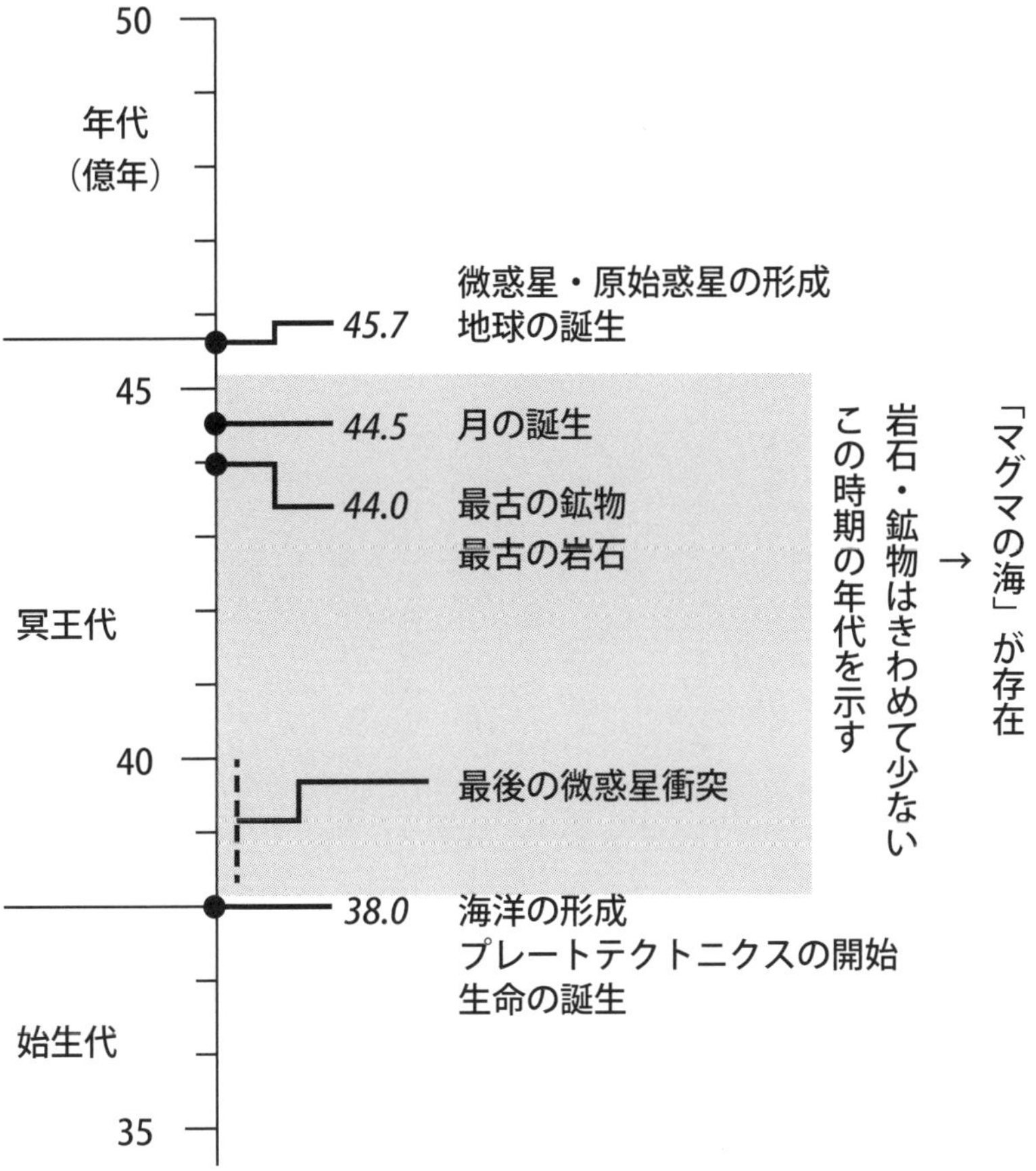

図３－１　初期地球で起きたこと

ではいったい45・7億年という「地球の年齢」はどのように推定されているのだろうか？　じつはこの値は、地球外物質の隕石に対する年代測定の結果から導きだされたものだ。

太陽系創成期の頃、原始太陽の周りには、ミクロンサイズの微粒子やガスが円盤状に集まって回っていた。この太陽系円盤の比較的真ん中付近、現在の木星と火星の中間より太陽に近い内側では、微粒子は岩石や金属、外側では氷が主成分だった。やがて微粒子は、重力や静電力によって合体しながら円盤の中心面に集まり、直径数キロメートルの微惑星へと成長していった。

微惑星は自らの重力でさらに衝突合体を繰り返して、ついには原始惑星へと成長する。一方で、火星と木星の間に存在した微惑星は、あまりにも大きな木星の重力の影響を受けて、大きくは成長できなかったようだ。たとえうまく原始惑星まで成長したとしても、その後木星の重力に揺さぶられて、粉々に砕け散ったらしい。こうして、最大でも直径数十キロメートルの小天体が数十万個も散らばる小惑星帯ができたのだ。そしてこれらの小惑星がたまたま地球へ飛来したものが隕石である。つまり隕石は、太陽系誕生時に存在した微惑星が、いわば「凍結保存」されたようなものなのだ。

とりわけ二次的な熱変化や化学変化を受けていない「炭素質コンドライト」は、微惑星そのものと考えてよい。この隕石の放射年代を求めると、見事なまでに45・7億年を示すのである。シミュレーションの結果によると、微惑星から惑星への成長は、数百万年程度の一瞬の出来事だったらしい。だからこの45・7億年という年代は、地球、さらには太陽系惑星、それに太陽系の誕生時期を示すと考えてよい（図３−１）。

では、この地球誕生の年代と地球最古の岩石・鉱物の年代とのずれは何を意味するのだろうか？

ここで大切なことは、放射時計が動き出すのは、放射崩壊を起こす親元素とその生成物である娘元素が、岩石や鉱物の内部にしっかり閉じ込められた時であることだ。岩石や鉱物は、もともと溶融状態の物質、「マグマ」が冷え固まったものである。つまり、地球が誕生した45・7億年前から、最古の岩石や鉱物ができた44億年前までは、地球は完全な溶融状態にあり、地表は「マグマの海」で覆われていたことになる。だから、この年代を示す岩石や鉱物が存在しないのだ。その後マグマはだんだんと冷え固まって陸（岩石）を作ってゆくのだが、38億年前頃まではマグマの海は存在していたようだ（図３−１）。

では、なぜ太古の地球はこんな灼熱状態にあったのだろうか？　地球の誕生時には、地球の重力に引き寄せられて、多数の微惑星が衝突を繰り返していた。衝突時には、微惑星の運動エネルギーが熱を発生させることになる。その結果、微惑星に含まれる二酸化炭素や水などがガスとなり、絶大なる保温効果を有する原始大気を形成したのだ。それでも微惑星が降り注ぐのだから、原始地球の温度はどんどん上昇して、やがて数千度にまで達した。この温度だと、岩石はほぼ完全に融けてしまう。これが地球にマグマの海が誕生したメカニズムだ。

巨大隕石の衝突が大規模な火山活動を起こした可能性

ダイナミックな変動を続ける現在の地球には、原始地球成長期の痕跡は残ってはいないが、形成以降すぐに死に絶えてしまった月の表面には、無数のクレーターとして微惑星の衝突の跡が残されている。このクレーターの形成年代を調べると、微惑星の衝突はだんだんと少なくなり、およそ40億年前にはほとんど収まったことがわかる（図3－1）。太陽系の空間に無数に存在した微惑星のほとんどすべてが衝突合体して、惑星を作ってしまったからだ。微惑星からのエネルギー供給がなくなったことで、熱エネルギーは発生しなくなり、そのためにマグマの海は消滅して、代わりにマグマが冷え固まった地殻が地球を覆ったのだ。

もちろん、現在でも太陽系空間を飛び回っていたり、小惑星帯にある物体が地球の重力によって落下してくることはある。流れ星や隕石と呼ばれるものだ。おおよそ年に6回程度の割合で隕石が地表に落下していると言われている。少なくとも私たち人類が、この隕石によって大きな被害を受けた例はないのだが、長い地球史の中では数々の大異変を起こしてきた。

もっとも有名なものは、今から6500万年前の「恐竜絶滅」事件であろう。この隕石衝突痕跡とされているのが、1991年にメキシコ・ユカタン半島で発見された、直径約200キロメートルのチクシュルーブ・クレーターだ。衝突で発生したガスが硫酸エアロゾルを大量に作り、これが成層圏を漂って太陽光を遮り「衝突の冬」を招いた。この急激な気候変動が恐竜絶滅を引き起こしたという。

最近ではエアロゾルだけでなく、ユカタン半島付近に広く分布する炭化水素を多く含む地層が、隕石の衝突で発火して、多量の煤《すす》が大気中に撒き散らされて、太陽光を遮った効果も大きいと言われるようになった。さらには、巨大隕石の衝突が、地球の反対側で大規模な火山活動を起こした可能性も指摘されている。

巨大隕石の衝突は、当然超巨大地震を引き起こす。そのエネルギーは、通常のプレート運動で引き起こされる巨大地震の１０００倍にも及ぶと推定されている。この膨大なエネルギーは地球表層を伝わり、隕石落下地点の反対側（インド）周辺に集まる。このエネルギーによって、地下の岩盤の浸透率が上がる、つまりスカスカになることがあるという。そのせいで、当時インドのデカン高原の地下に蓄えられつつあった膨大な量のマグマが上昇しやすくなり、一気に噴き上げた可能性がある。このことで大量の硫黄がマグマから大気中へと放出され、「火山の冬」と呼ばれる寒冷化を引き起こされたというのだ。もしそうならば、恐竜たちは衝突と火山の二つの冬のために絶滅したことになる。

地球の中にはマグマが詰まっている？

おおよそ40億年前にマグマが冷え固まった後は、地球は基本的には冷えてゆく一方だ。もはや稀にしか微惑星（隕石）が降ってこないからだ。しかし地球内部にはカリウムなどの放射性元素が含まれているので、これらが崩壊する際に熱を発する。地球はこの発熱の分だけゆっくりと冷えていることになる。だからこそ鉄合金からなる地球の中心核の外側部分、「外核」はまだ溶融状態にあり（図3－2）、活発に対流しているのだ。さらに導電性の高い鉄が対流することで、ある種の電磁石となって、地球磁場を作り出している。この磁場が地球を取りかこんでいるおかげで、私たち生命体は、太陽からやってくる強烈な放射線から守られているのだ。

冷えつつあるとはいえ、まだ十分に熱い地球内部には、灼熱のマグマがぎっしり詰まっていて、それが噴き上げて火山を作る、と思っている人はいないだろうか？　以前あるテレビ番組でこの質問をしたところ、スタジオにいた半数以上の人たちがそう思っていることに驚いたことがある。多くの人たちがそう思い込んでしまう大きな原因のひとつは、地球の輪切りイラストにあるように思う。たいていのイラストでは、地球の表層部分「地殻」と核の間の層である「マントル」が赤系統の色で塗ってあるのだ。

だがこの思い込みはまったくのまちがいだ。もちろんマントルの一番底、溶融した核と接する部分や、火山の根っこあたりは融けているのだが、大部分はれっきとした固体、つまり岩石でできている。なぜならば、地震の波の一種で、最初のガタガタという揺れ（P波）に続いて、ユッサユッサとくる波（S波）は、液体の中は通らない性質があるのだが、マントルの中はほぼ全域で伝わってくるのだ。一方で外核が溶融状態にあることは、S波が伝わらないことからわかったのである。

光が届かないマントルを何色に塗ればよいのか判断するのは難しいが、少なくとも赤色に塗ってあるからといって、灼熱のマグマが詰まっているとは思わないでほしい。

では、いったいマントルはどんな岩石でできているのだろうか？　先に述べたように、地球の原材料物質は微惑星の化石「炭素質コンドライト」だ。そして核は隕鉄と同じ成分、つまり鉄・ニッケル合金でできていると考えてよい。だとすれば、体積の割合を考えに入れて引き算をしてやると、マントルの化学組成はほぼわかるはずだ。その化学組成に相当するのは、「カンラン岩」と呼ばれる岩石だ。オリーブの実のような緑色をしたカンラン石（英語ではオリヴィン、つまりオリーブ石。宝石名はペリドット）を主成分とする。この石は地下深くから猛スピードで上がってきて噴き上げたマグマにしばしば含まれている。マグマがマントルの岩石の破片を持ち上げてきたのだ。

一方で、この固体のマントルは、さらにいくつかの層をなしている。それぞれの層の境界で、地震波の伝わる速さが急激に変化する、言い換えれば、岩石の物性が大きく変化するのだ。一番上の層は「リソスフェアー（プレート）」と呼ばれる（図３－２）。地表に近く、温度が低くなっているので、硬い板のようにふるまう層だ。その下には少なくとも四つの層があり、その底の深さは、４００、６５０、２７００、そして２９００キロメートルだ（図３－２）。

各層ごとに岩石の特性が大きく変化する原因は、カンラン岩を地球内部に相当する高温高圧状態にすることで明らかになった。主要な構成鉱物が、カンラン石↓スピネル↓ペロブスカイト↓ポストペロブスカイトと変化するのだ（図３－２）。ついでに自慢しておくと、この鉱物の変化

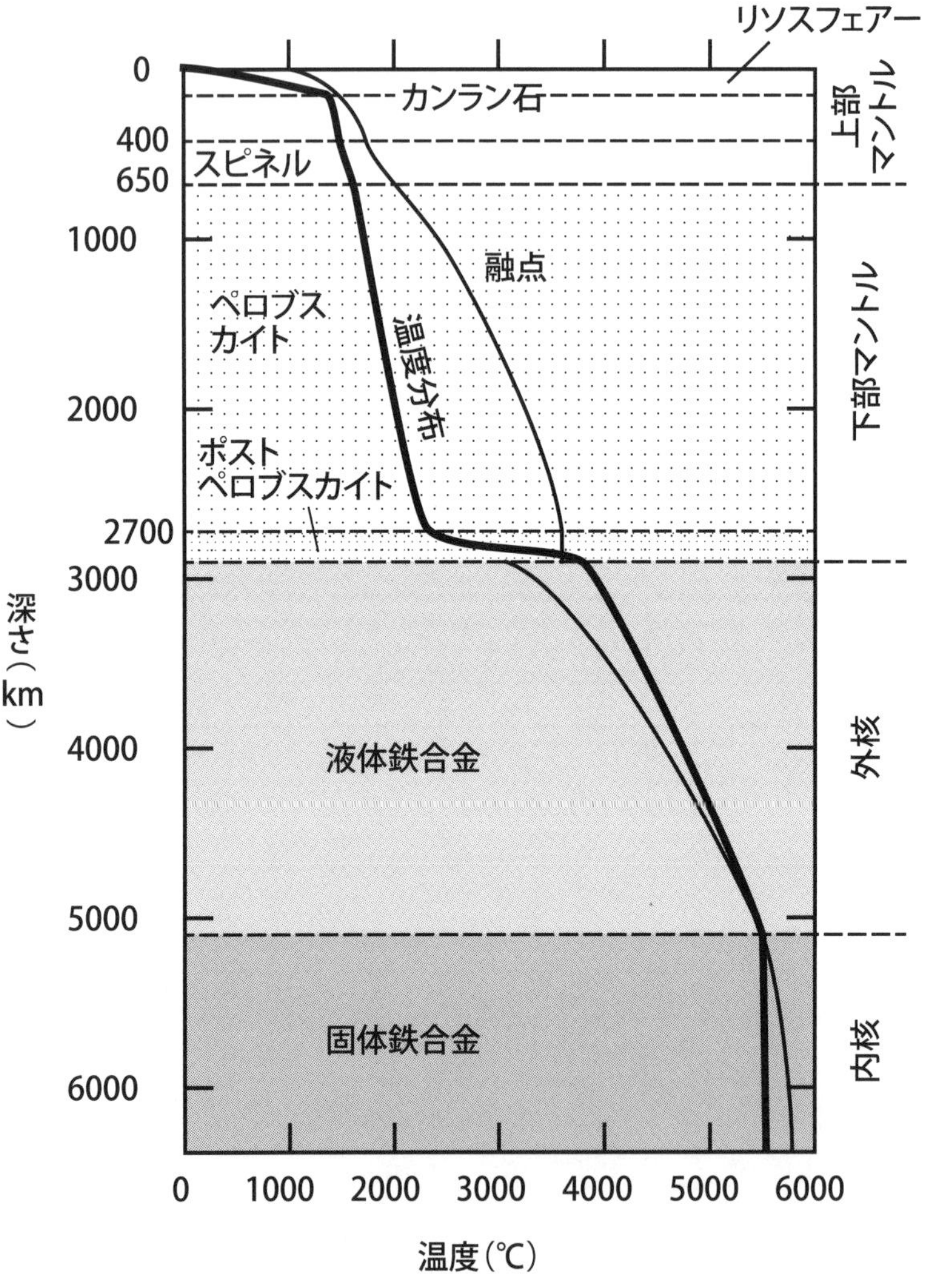

図３－２　地球内部の構造と温度分布。カンラン石-スピネル-ペロブスカイト-ポストペロブスカイトの反応線（実線）と、地震波不連続面の深さに基づき、マントルの温度を求めることができる。核については、鉄の融点に基づき推定する

を明らかにしたのは、いずれも日本人の研究者である。

このような鉱物の変化の実験結果を用いると、地球内部の（正確には、各層の境界の）温度を求めることができるし、カンラン岩や鉄合金の融点も求めることができる。その結果を見ると、マントルは最高温度が摂氏３０００度を超える高温なのだが、それでも一番底を除いて融点より低い、つまり固体の状態であることがわかる（図３－２）。もっとも固体といっても、これほどの高温になると「柔らかく」なる。プラスティック容器が電子レンジ加熱でグニャリと変形してしまうのと同じ原理だ。従って、固体のマントルもゆっくりと流動、すなわち対流しているのだ。これを「マントル対流」と呼ぶ。

日本列島の火山は「水」が作る

地球の内部にはぎっしりとマグマが詰まっているのではなく、そのほとんどが固体であることは納得いただけただろうか？　では、マグマはどのようにしてできるのか？

何度も言うが、マグマとは地球内部の岩石が融《と》けたものである。つまり、固体の岩石を融かさないとマグマはできない。そのためには、「温度上昇」「圧力低下」、それと「融点降下」のいずれかが起きる必要がある（図３－３）。

地球内部で、固体の物質Ｐ（図３－３）を融かす時に、一番わかりやすい方法は温度を上げることだろう。例えばマントルの一番底では、溶融状態にある超高温の核から熱が供給されるため

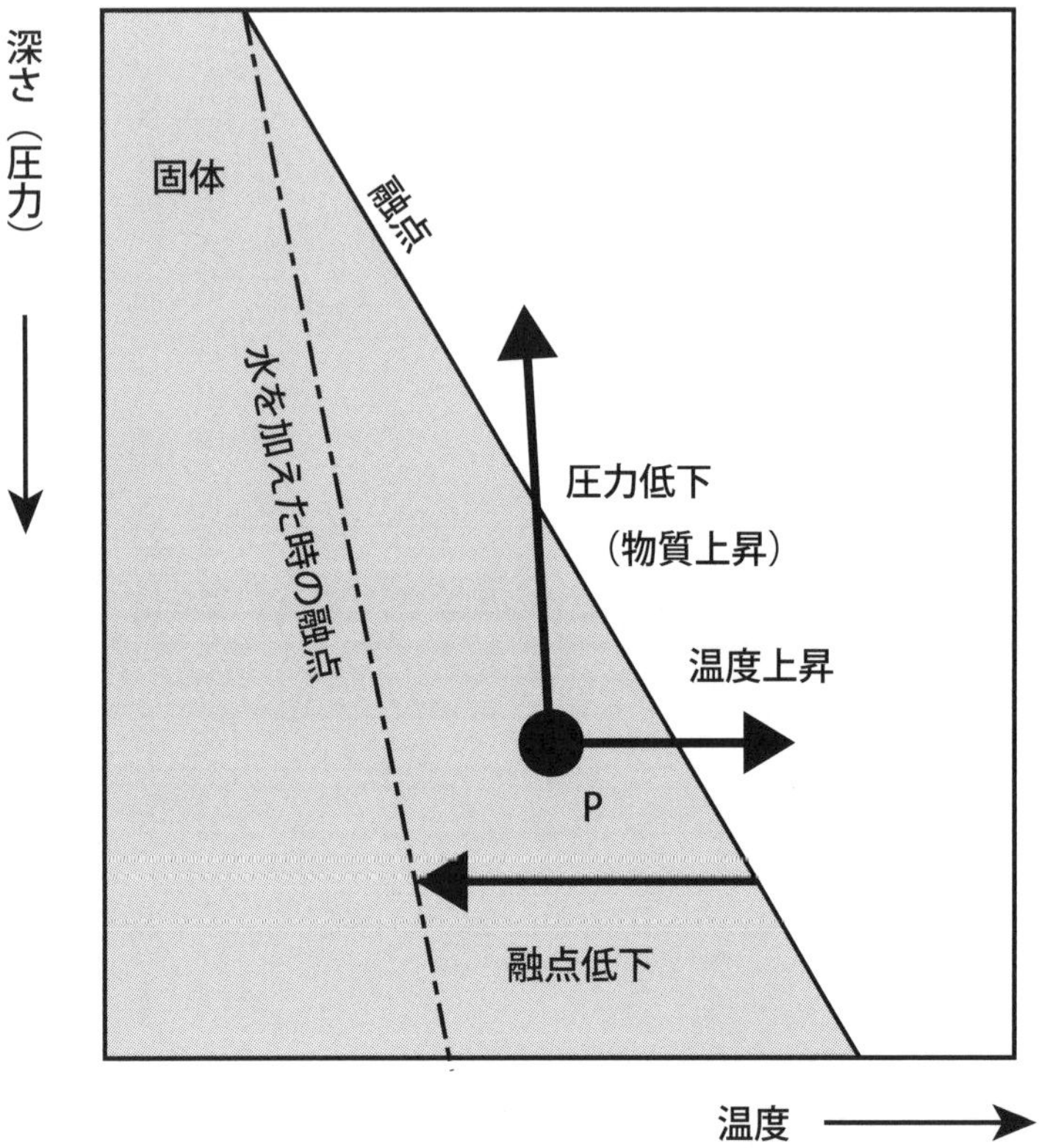

図３－３　マグマ発生の基本原理

に、温度が上がって、マントル物質が融けているらしい（図３－２）。しかしこれくらい圧力が高くなると、融けたマグマの方が固体のマントルよりも重く（密度が高く）なってしまうので、このままではマントルの底からマグマが直接地表まで上がってくることはない。

一方で、温度を上げなくても物質Ｐを融かす方法がある。それは、この物質がなんらかの要因、例えばマントル対流によって上昇することだ（図３－３）。その鍵になるのが、物質は圧力が上がると融けにくくなる、すなわち融点が高くなるという性質である（図３－３）。

その理由を簡単に述べると、次のようになる。物質は圧力がかかると縮む（体積を減らす）ことで耐えている。一方で物質が融けると一般に体積が増える。だから、物質は高い圧力になればなるほど、体積を増やすことがないように、言い換えると融けないように頑張るのだ。逆に、圧力が下がると、融点は低くなる。このような状況で物質Ｐが上昇すると、やがて融点を超えて、マグマが発生する可能性があるのだ（図３－３）。

じつは地球上の火山活動の多くは、このように地球内部の物質が上昇することで発生したマグマが引き起こしている。地球上最大規模のマグマ活動は、海底を走る大火山山脈「海嶺《かいれい》」で起きている。地球の表面の７割を覆う「海洋地殻」は、プレート運動によってできた裂け目を埋めるように上昇してくるマントル物質が、海嶺の地下で融けて、そうしてできたマグマが冷え固まったものだ。

さてもうひとつ、地球内部で固体の岩石を融かす方法がある。それは水が加わることである。

もちろん地球内部のような高温高圧状態では、水といえども液体ではなく、かといって気体（水蒸気）でもなく、液体と気体の区別がつかない「超臨界状態」となる。このような水には、鉱物の基本構造であるケイ素と酸素のネットワークを破壊する性質があり、そのことで、ネットワークのしっかりした固体がバラバラになった液体へと変化、つまり融解する可能性がある（図3－3）。水が加わることで物質の融点が下がって、それまで固体だった物質が融けてマグマが発生するのだ。

日本列島に火山が密集するわけ

この水によるマグマの発生は、日本列島のように海洋プレートが沈み込む地帯「沈み込み帯」で起きている。先に述べたように、海洋プレートの主体をなす海洋地殻は、海の底の海嶺で作られる。従って、マグマの熱によって海水が熱水となって海洋地殻の中を循環するために、海洋地殻には多量の水が含まれている。いわば、水を目一杯含んだスポンジのような状態だ。

こんなプレートが海溝から沈み込むと、圧力が高くなってギュッと押し縮められ、その結果、スポンジから水が絞り出される。そしてこの絞り出された水が周囲の岩石の融点を下げることで、マグマが発生することになるのだ。多くの場合、この水の絞り出し現象は、プレートが110キロメートル程度の深さに達したあたりで起きる（図3－4a）。このために、地球上の多くの沈み込み帯で、プレートがこの深さに達した真上に火山が形成されているのだ。この火山地帯と非火山地帯の境界線は「火山前線」と呼ばれる（図１−１）。

岩石は複数の鉱物からなっており、それぞれの鉱物は融点が違う。だから、岩石が融点を超える温度になった時点で、ガバッと全体が融けてしまうわけではない。比較的融点の低い成分から順次融け出していくのだ。このように、固体とマグマが混在した状態を「部分融解」という。沈み込み帯では、プレート深度が１１０キロメートルになったすぐ上に、このような部分融解ゾーンが形成される（図３−４ｂ）。じつはプレートが約１７０キロメートルの深さまで達すると、再びその周辺で、水の絞り出しとマグマの発生が起きるようだ。例えば東北日本では、那須火山帯が浅い方、鳥海《ちょうかい》火山帯が深い所の融解現象に対応する。

部分融解ゾーンでは、固体の岩石よりも軽いマグマが含まれているので、融解ゾーンより浅い部分の融けていない岩石からなるマントルより軽くなる。つまり軽いものが重いものの下にあるという、不安定な状態が生じることになる。この不安定性は、部分融解ゾーンの軽い物質が、ほぼ一定の間隔で玉コロ状（「ダイアピル」と呼ぶ）に上昇することで解消される（図３−４）。インテリアライトに「モーションランプ」というものがあり、筒の底から熱せられて軽くなった部分が玉状になってポコーンポコーンと上がるのが幻想的だが、これとまったく同じ原理だ。基本的には、このダイアピルひとつひとつが、地上の火山に対応している（図１−３）。

さて、このようにして日本列島に代表される沈み込み帯でマグマが作られて火山ができるのだが、このメカニズムを考えると、日本列島が世界一の火山密集域である理由も理解できる。その

(a) 熱くて低角で沈み込むプレート

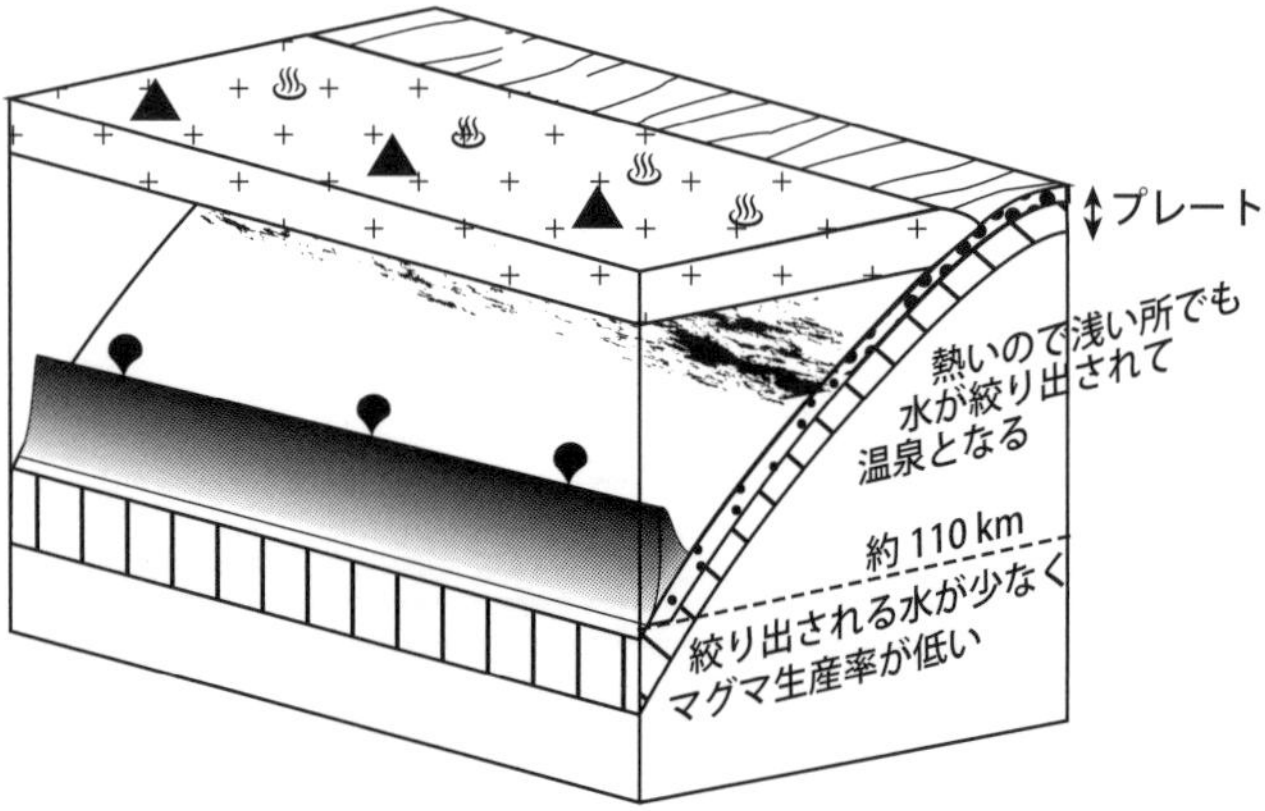

図３－４　沈み込み帯におけるマグマの発生メカニズム。プレートから絞り出される水がマクマの発生を引き起こす。新しくて熱いプレートが沈み込む場合は、水が浅いところで抜けるので、火山の数が少なくなる

最大の原因は、プレートの沈み込みが活発であることだ。東北日本に沈み込む太平洋プレートは、地球上で最も古い海洋プレートで、約２億年前にできた。プレートは海嶺でマグマが冷えて誕生するのだが、時間が経過すると、さらに冷えて重くなる。従って、このような重いプレートは海溝から沈み込むと、その自重でプレート全体を引っ張るために、運動速度が大きくなるのだ。

東北地方に沈み込むプレートは世界一古く、そのために冷たくそして重い。だから、日本海溝では太平洋プレートが年間10センチ近い速さで沈み込む。また、西南日本に沈み込むフィリピン海プレートは、四国で

(b) 冷たくて高角で沈み込むプレート

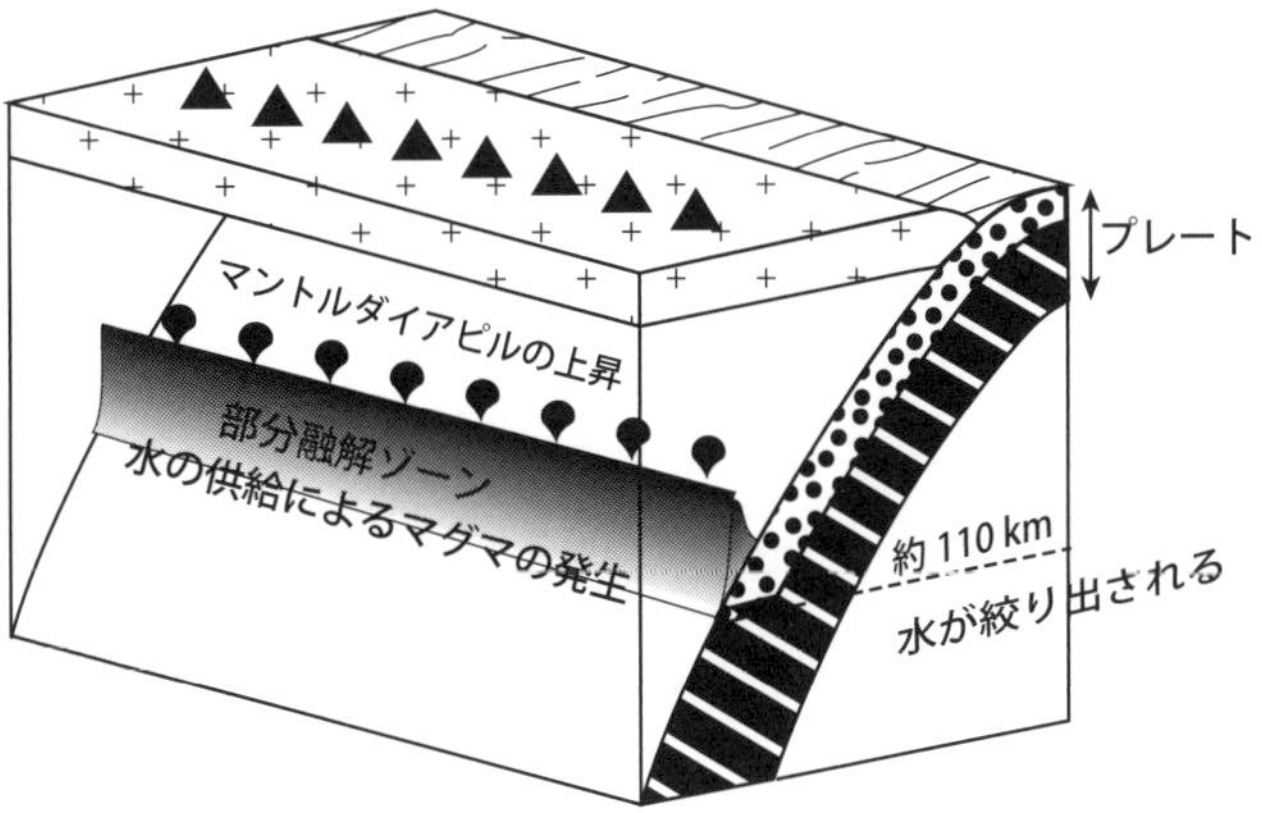

は1500~2500万年と若いが、九州から南西諸島に沈み込む部分はもっとずっと古いために、十分に冷えている。この部分のフィリピン海プレートや太平洋プレートは、年間8センチに及ぶ速い速度で、日本列島に沈み込む。その結果、約110キロメートルの深さでの水の吐き出し率も高くなり、最終的には部分融解ゾーンからのダイアピルの上昇と火山の形成も多くなるのだ。

よくテレビや新聞では、日本列島には2つのプレートが沈み込むために火山が多いと解説されるが、それだけでは説明にはならない。ここで述べたように、これらのプレートが速いスピードで潜り込むからこそ火山が密集するのである。

なぜ関西・中国地方に火山が少ないのか？

面積にすると地球上の1パーセントにも満たない日本列島に、全世界の約1割、111もの活火山が密集する理由は、プレートが高速で沈み込むことであった。東北日本では、古くて重い太平洋プレートが押し寄せる速度は年間10センチメートル近い。一方で、西南日本に沈み込むフィリピン海プレートの主要部は、地球上で最も若いプレートのひとつだ。そのために、沈み込み速度は関西地方から四国沖では年間数センチメートルと遅い（図3－5）。おまけに、日本列島に対してやや斜めに沈み込んでいるために、列島に対する有効な沈み込み成分は少なくなる。これらのためにフィリピン海プレートから関西〜中国地方の地下に絞り出される水の量は少なくなり、マグマの生産率は低くなるのだ。

一方で、九州から南西諸島にかけて沈み込むフィリピン海プレートは、遥かに古い。これに加えて、球形の地球の表面を覆う硬いプレートは、平面上と違って「回転運動」をしている。そうしないと、プレートとプレートの間に隙間ができてしまうのだ。そしてフィリピン海プレートの回転の軸は、千島列島の北端付近にあることがわかっている。つまり、この回転軸から遠ざかるほど、このプレートの移動速度は大きくなるのだ。図3－5を見るとそのことがよくわかる。四国沖では年間数センチメートルであるが、南西諸島付近では1・5倍以上にもなる。プレー

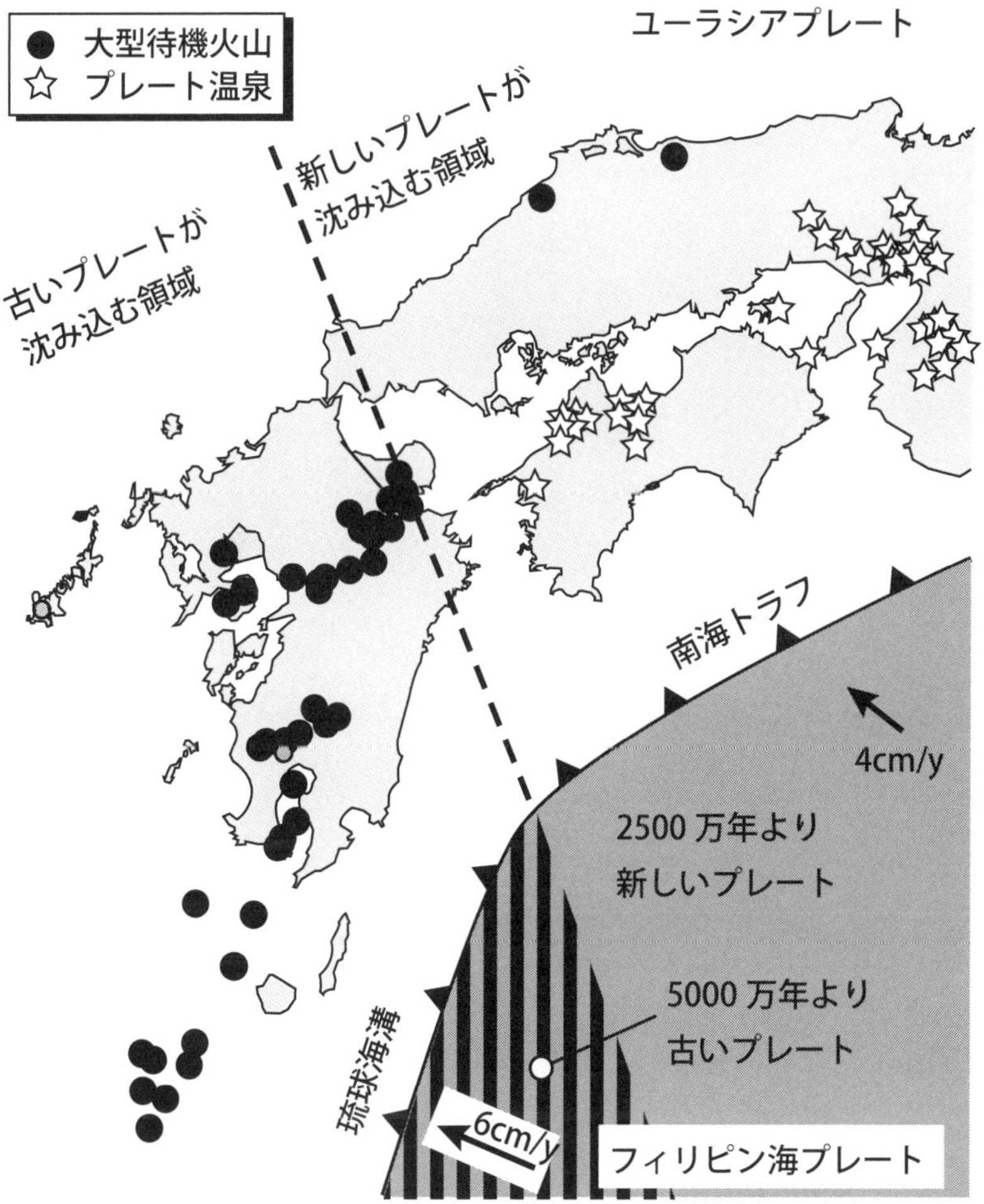

図３－５　西南日本に沈み込むフィリピン海プレートの年代と火山分布
☆印はプレート直結温泉の分布

ト年代の違いと、この回転運動が引き起こすプレート運動の速さの違いのために、九州ではプレートが高速で沈み込んで、水を活発に吐き出すために火山が多く、中国〜関西では、特に大型の火山の数は極端に少なくなるのだ。

さらにもうひとつ、西日本で火山の数が少ない理由がある。それは、110キロメートルの深さでプレートから吐き出される水の量が少ないことだ。先に述べたように、関西〜中国・四国へ沈み込むフィリピン海プレートは若い（図3－5）、従って熱い。このようなプレートでは、圧力の効果に加えて温度が高いために、プレートから水が絞り出されやすくなる。つまり、このあたりの若いプレートでは、110キロメートルの深さに達する前に、相当量の水が絞り出されてしまう。そのために、マグマを作る段階になった時点で、肝心の水が少なくなってしまっているのだ（図3－4b）。一方九州の地下では、5000万年より古く冷たいプレートが沈み込むために（図3－5）、110キロメートルの深さまでたっぷりと水が持ち込まれて、多数の火山ができあがるのだ。

非火山温泉と直下型地震との関係性

一方で、とくに関西の人たちは、この浅い場所でプレートから絞り出された水の恩恵に浴している。それが「温泉」だ。ふつう温泉と言えば、火山の地下にあるマグマからのガスや熱が原因で、雨水や地下水が熱せられてできる。しかし関西では、日本最古の温泉のひとつ、有馬温泉

（神戸市）に代表されるように、火山地帯でもないのに高温の温泉が湧き出している（図３－５）。いわゆる、「非火山性温泉」だ。

最近、産業技術総合研究所などがこれらの温泉の成分を調べると、その起源は沈み込むフィリピン海プレートにあることがわかってきた。まさに「プレート直結温泉」である。これらの「有馬型温泉」はやたらしょっぱいのだが、その塩分は元はといえば、プレートの中に含まれていた太古の海水に由来する。

ところが関西人は、噴火で被害を受ける可能性が少ない上に温泉を楽しむことができる、と喜んでばかりいられない。なぜならば、このフィリピン海プレートから絞り出された水が、直下型地震の可能性を高めているのだ。

地盤の中に水が存在すると岩盤が破壊されやすくなり、その結果地震が起こりやすくなることは昔から知られていた。例えばダムを建設して貯水量が増えてくると、周辺で地震が多発するようになることがある。

別の例も挙げてみよう。最近になって米国ではシェールガスの採掘が盛んに行われるようになり、ある種のエネルギー革命が起きている。ところが盛んに採掘が行われるようになると、その地域で地震が多発するようになったのだ。その原因は水にあった。ガスを採掘するために新たに開発された方法では、地下の岩石の中に分散して分布するガスを効率よく取り出すために、掘削《くっさく》穴《あな》に高圧の水を注入する。その結果、水が岩盤の中へ染み込んで地震を起こしているのだ。

関西地方は活断層の密集域である。こんなにも地盤がずたずたに割れている原因は、フィリピン海プレートにある。このプレートは若くて軽いために、そう簡単には地球内部へは沈み込めない。極端な言い方をすると、西南日本に衝突しながら、無理やり沈み込んでいるようなものだ。そのために西南日本を強烈に押すことになり、その力のせいで、多くの活断層ができる。これらの活断層はこれまでにもたびたび地震を引き起こしてきた。1996年の兵庫県南部地震や2018年の大阪府北部地震もこの断層系が元凶である。こんなにずたずたに破壊された地盤に、プレートから水が運ばれてくると、ますます地盤の強度が下がり、直下型地震が起きる可能性はどんどんと高まる。覚悟をもって備えられたい。

東京の真ん中に火山が出現するか？

学生時代、友達の下宿から富士山が見えて感動したことをよく覚えている。わずか100キロメートルのところに、あれほど愁眉《しゅうび》な活火山があり、それを目にすることができる大都会は、世界でも珍しい。都内に多くある「富士見坂」からは、かつてこの秀峰を眺めることができたのであろう。さらに首都東京の周辺には、多くの活火山や待機火山がある（図3－6）。まるで東京を取り巻くように火山が分布するのだが、はたして突如、東京に火山が出現することはないのだろうか？

先に述べたように、日本列島のような沈み込み帯で火山ができるには、ある法則がある。海洋

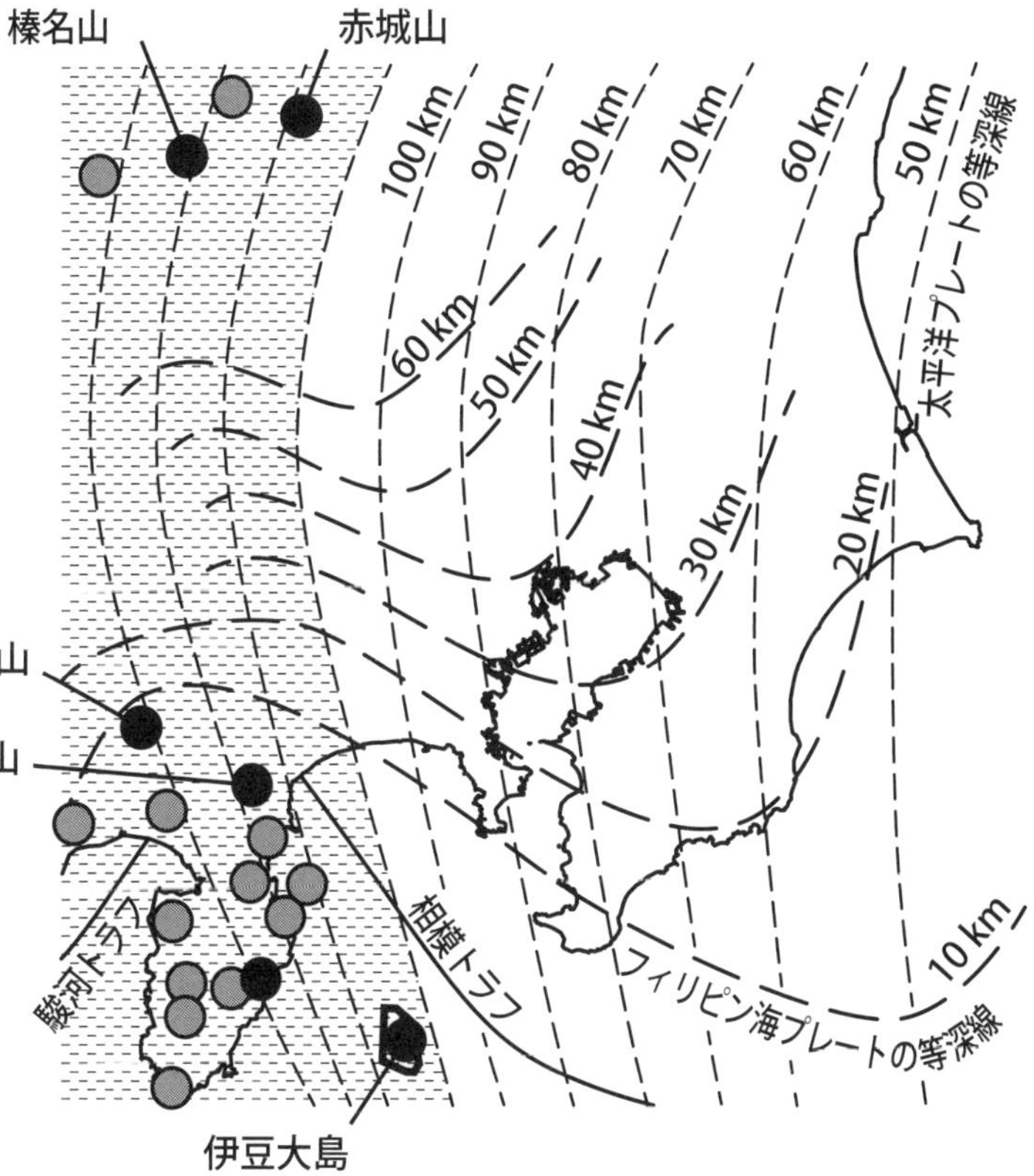

図３－６　関東地方の地下に沈み込む２つのプレートと火山の分布

プレートがおおよそ110キロメートルの深さまで沈み込んだ所で、プレート内の水が絞り出されて、マントルを作る岩石の融点が下がってマグマができるのだ。

この法則を念頭に置いて、関東地方周辺の火山の分布とプレートとの関係を眺めてみよう（図3－6）。ただ少し厄介なのは、このあたりの地下には太平洋プレートとフィリピン海プレートの2つが、重なるように沈み込んでいることだ。まず太平洋プレートの様子を確かめてみよう。

主に日本海溝から沈み込んだ太平洋プレートは、東北地方がそうであったように、関東北部でもほぼ110キロメートルの深さに達すると、その直上に赤城山を形作っている。そして南に目を転ずると、今度は伊豆・小笠原海溝から沈み込んだ太平洋プレートの110キロメートルの等深線の上に伊豆大島がある。また伊豆半島周辺には、富士山や箱根山をはじめ多くの火山が密集しており、これらも太平洋プレートの沈み込みによって作られたものだ。

この太平洋プレートは、東京の都心付近では約80キロメートルの深さにある。これは明らかに110キロメートルの法則からすると浅すぎる。すなわち、火山噴火が都心で起こる心配は今のところはなさそうだ。

しかし不思議なことがある。赤城山から伊豆の間が火山の空白域になっていることだ（図3－6）。110キロメートルの法則が成り立つならば、八王子あたりに火山があってもよいはずだ。この「異常現象」の原因となっているのが、相模トラフ・駿河トラフから沈み込むフィリピン海プレートである。

このプレートは伊豆半島の北西では20キロメートルより深いところではトレースできないのだが、少なくとも東京から神奈川県にかけては連続的にその上面が確認されている。八王子あたりの火山空白地帯の地下では60キロメートルの深さまでは潜り込んでいる。フィリピン海プレートは、ちょうど、太平洋プレートと地表の間に割り込むように沈み込んでいるのだ。だから、太平洋プレートについて110キロメートルの法則で作られたマグマは、フィリピン海プレートに蓋をされて上昇できないのだ。

南海トラフ沿いで幾度となく巨大地震を発生させてきた「厄介者」のフィリピン海プレートではあるが、そのおかげ（?）で「八王子火山」は幻と化していると言えよう。一方でこのプレートは「相模トラフ」からも沈み込んでいて、1703年の元禄関東地震（被災者3万7000人）や1923年の大正関東地震（関東大震災：死亡者10万5000人）を引き起こした。

和食と火山の素敵な関係

まったく話は変わるのだが、私たち日本人の伝統的な食文化である和食がユネスコの「無形文化遺産」に登録されたのは2013年。和食の特徴は、多様で新鮮な食材、バランスのとれた健康的なメニュー、季節の移ろいとの調和、それに年中行事などの密接な関連などであろうか。まさに、中緯度モンスーン地帯に位置する海域の変動帯、という地勢が作り出した文化である。食文化と地勢との関連を詳しく述べるのは他書（『和食はなぜ美味しい――日本列島の贈り物』）に譲り、ここでは、和食と火山との深い関係をかいつまんで紹介することにしよう。

和食最大の特色のひとつは、その独特の「出汁《だし》」にある。なかでも昆布《こんぶ》と鰹節《かつおぶし》の合わせ出汁が一般的だ。私たちの五感の一つである「味覚」には、「甘味」「苦味」「酸味」「塩味」に加えて「旨味《うまみ》」がある。この旨味成分については、昆布に含まれるグルタミン酸と鰹節に含まれるイノシン酸、それに干椎茸《ほししいたけ》のグアニル酸などを日本人の化学者が発見していたのだが、それが世界的に認められたのはつい最近のことだ。

ではなぜ、このような旨味が和食の基本となったのか？　それは、「水」に原因がある。日本列島の水の大部分は、例えばヨーロッパ大陸と違って、カルシウムやマグネシウム、いわゆるミネラル分に乏しい「軟水」である。この水が、食材から旨味成分を効果的に抽出するのだ。対して、硬水は肉に含まれる臭み成分を「灰汁《あく》」として取り出す効果が高い。だから、獣肉のスープはフレンチの基本となり、和食では鰹節や昆布出汁が使われるのだ。

ここまでは、料理人の間では常識の話であり、あちこちの情報サイトでも紹介されている内容だ。ではなぜ、日本列島では軟水が多いのだろうか？　この問題にきちんと答えておかないと、自然と文化のつながりを理解したことにはならない。

答えは、「日本列島が山国《やまぐに》」であることだ。日本ではなんと国土の7割以上が標高５００メートル以上の山地である。一方で、イギリスやフランス、それにドイツでは、平地が約7割以上を占めている。この険しい地形に大きく影響されるのが河川《かせん》である。狭い国土を山地が占めるこの国では、河川は短く、しかも急流となる。明治時代に御雇外国人として来日したオランダの土木技師デ・レーケは、富山県常願寺川を視察した際に、「これは川ではない、滝だ」と言ったと伝えられている。この言葉は、図３－７を見れば納得できるであろう。

これほどの急流だと、水はあっという間に海へ達し、流れている間にミネラル分を溶かし込んでいる暇《いとま》がない。それに対して、平野を悠々と流れる大陸の河川では、地中のミネラル分を十分に含んだ水となるのだ。もちろん大陸の河川は総延長が長いことも重要なファクターなのだが、例えば日本と同じ島国のイギリスでは、大陸と比べると河川は短いのだが、やはり勾配《こうばい》はゆるやかであり、この島国の水はたっぷりとミネラル分を溶かし込み、香り高い紅茶に適した硬水となる。

日本が山国になった２つのメカニズム

ではなぜ日本は山国になったのだろうか？　何度も述べたように、日本列島は沈み込むプレートによって強烈に圧縮されている。その結果、断層が形成され、それに沿って地盤が隆起することで山地が作られるのだ（図３－８）。東北地方を南北に走る奥羽山脈と出羽・越後山地の間に山形・米沢盆地などが形成されているのは、このようなプレート運動による圧縮の影響が大きい。

さらに変動帯では、もうひとつ山地を形成するメカニズムがある。それはマグマの活動だ。マントルで作られたマグマは地殻へと上昇し、火山を作る。このような過程で、火山から噴き出さ

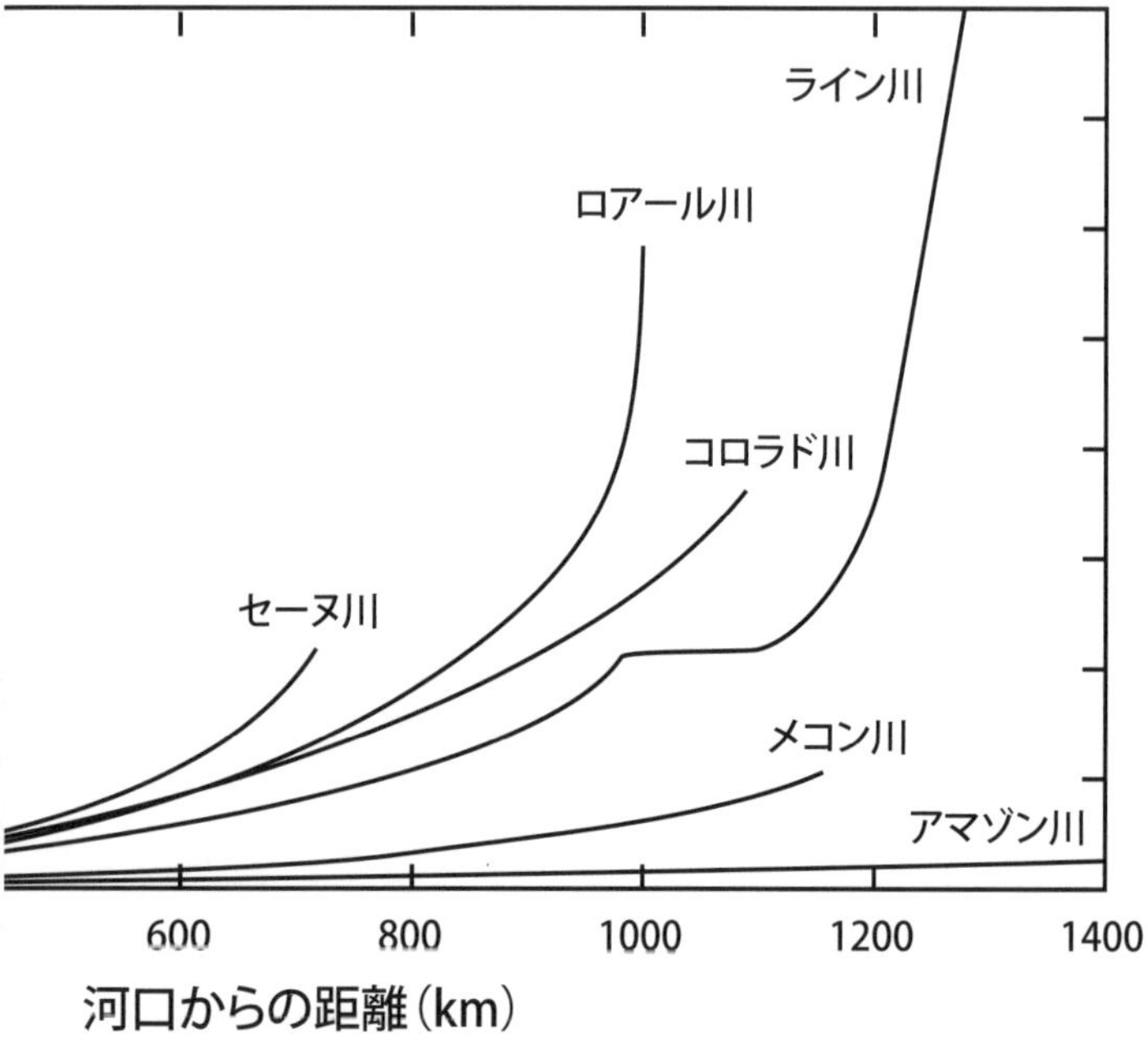

図３－７　日本列島と世界の河川の河床勾配

れるマグマはほんの一部で、実はそれよりはるかに大量のマグマが地殻の中で固まってしまい、そのために地殻を厚くしていくのだ（図３－８）。

　地殻は軽いためにマントルの上にプカプカ浮かんでいるのだが、それが厚くなると、アルキメデスの原理で盛り上がる部分も多くなり、山地が形成される。「アイソスタシー」と呼ばれる現象だ。一般に日本列島の火山は、もともと盛り上がった地形、つまり山地の上に形成されることが多い。東北地方でも、那須火山帯や鳥海《ちょうかい》火山帯の多くの火

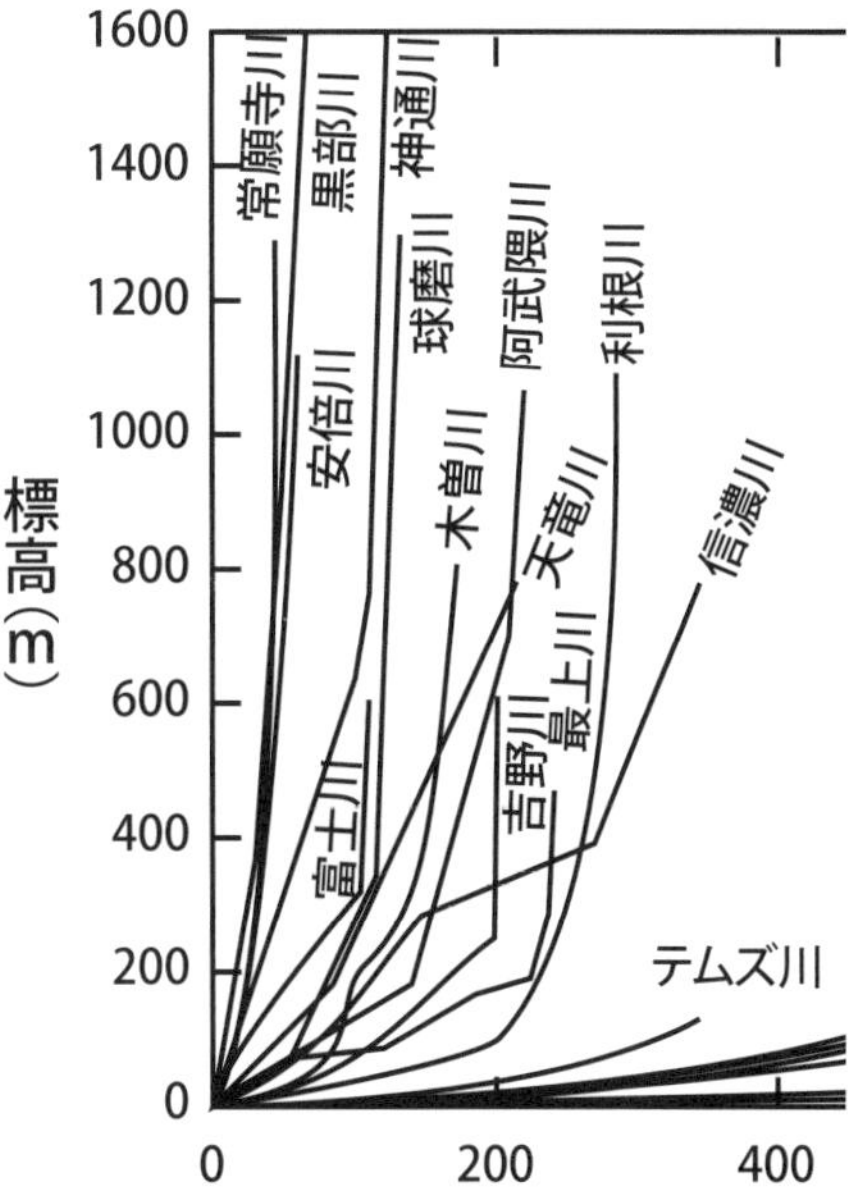

山は、奥羽山脈や出羽・越後山地の上に乗っかっている。こうして山地がどんどん高くなっていく。

つまり日本列島では、変動帯ならではの圧縮とマグマの生成という、二つのメカニズムが同時に働いて、山地が形成されているのだ。従って、和食の基本となる出汁は、まさに変動帯日本列島の贈り物と言えるだろう。

このような日本独自の食文化の成立には、獣食を敬遠する仏教の影響が大きいというのが通説のようだ。しかし私は、それだけが原因ではないと思っている。列島各地の縄文遺跡の貝塚を見ると、古代人がいかに多様な食生活を送っていたかをうかがい知ることができる。森からはドングリや鹿、そしてイノシシ、それに海からは魚やイルカなどを手に入れていたようだ。

肉や魚は焼いたり煮たりして食べたに違いない。その中で、きっと肉を煮てスープを取ると獣臭さが抜けなくて、まずいことに気がついたはずだ。一方で、干したり軽くあぶった魚や、乾燥

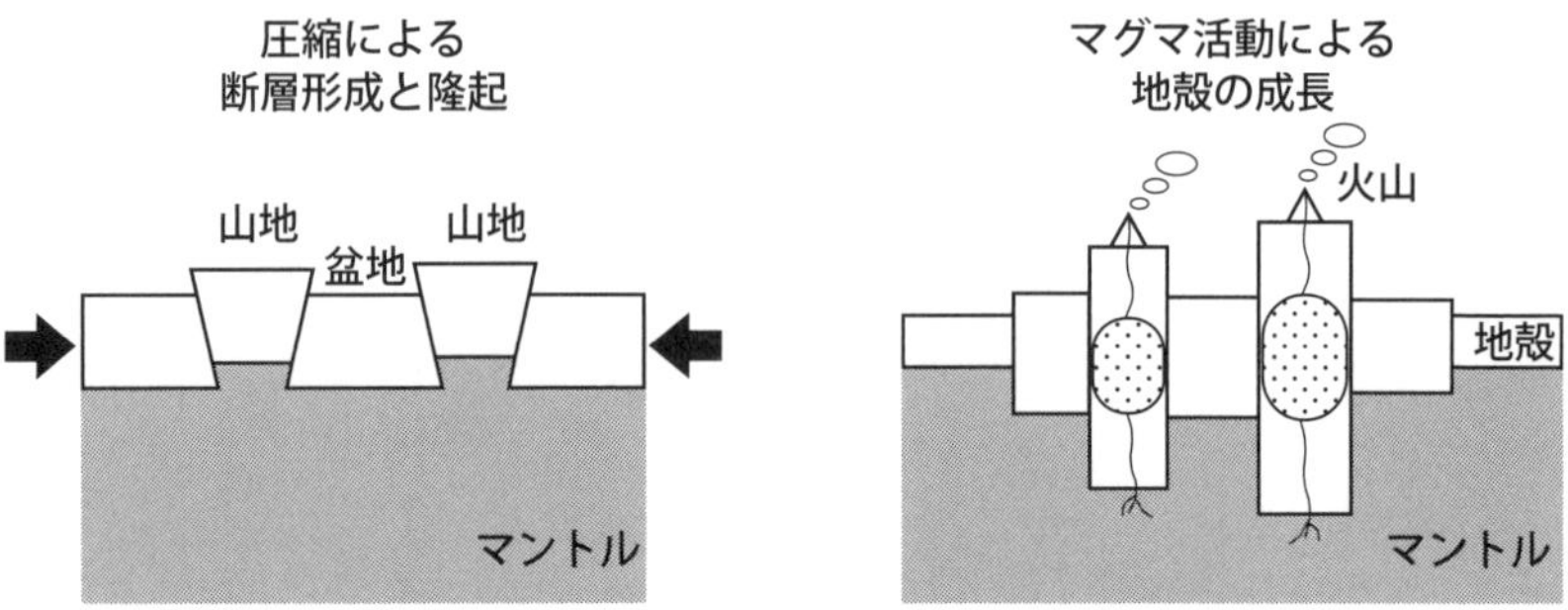

図3－8　山地を形成する２つのメカニズム

した海藻を煮ると、驚くほど美味《うま》いことも発見したに違いない。古代人のグルメな舌が、日本の水にあう食材や調理法を見つけ出していった結果、この変動帯で和食が誕生したと言えよう。

瀬戸内海を豊かにしている凸凹した地形

もうひとつ、変動帯日本列島からの食のプレゼントを紹介しておこう。

瀬戸内海は言わずと知れた「天然の生《い》け簀《す》」、海産物の宝庫である。鯛《たい》、蛸《たこ》、鰆《さわら》、穴子《あなご》、河豚《ふぐ》、虎魚《おこぜ》、太刀魚《たちうお》、それに雲丹《うに》に若芽《わかめ》、枚挙に遑《いとま》がない。陸域に囲まれた「内海」は、塩分や海底地形が変化に富み、そのためにじつに多様な生物が暮らしている。

さらに瀬戸内海を豊かにしているのが、潮の流れである。「渦潮」で有名な鳴門海峡では潮流は時速20キロメートルにも及び、そのほかの瀬戸内海の海峡でも、軒並み10キロメートルを超える。この高速潮流の中で暮らす魚は当然筋肉質で、エネルギー源であるＡＴＰ（アデノシン三リン酸）をたっぷり持っている。この物質こそが、旨味成分であるイノシン酸の原物質なのだ。この筋肉質の魚の代表が「明石鯛《あかしだい》」、特有の飴色の身の旨味は圧倒的だ。さらに加えると、日本一の「明石蛸《あかしだこ》」。ここで上がる蛸は立って歩くと言われるのだが、まさに高速潮流で鍛え上げられた脚力の賜物《たまもの》だ。こんな蛸がまずいわけがない。

ただ、ＡＴＰからイノシン酸への反応にはある程度の時間がかかる。よくテレビでタレントさんが船上で釣りたての魚を食して「さすがにイキが良くて美味《うま》い！」と感動する場面を見かけるが、これは単に死後硬直を嚙み締めているだけだ。旨味を引き出すには、生締《いけじ》め、血抜き、それに適度な熟成などの技が必要である。

ついつい話が食にずれてしまうのだが、瀬戸内海の豊かさは、「灘」と呼ばれる沈降域と隆起域が並び（図３－９）、隆起域の海峡で潮流が速くなることが大きな要因である。では、なぜこのような凸凹を繰り返す地形が出来上がったのだろうか？

その原因は、フィリピン海プレートの斜め沈み込みである。図３－９に示すように、このプレートは南海トラフから地球内部へ沈み込むのだが、その方向はトラフに垂直ではなく、斜め（西向き）成分を含んでいる。その結果、西日本を押すだけでなく、西向きにずらすような力が働くのだ。

このような状況で、重要な働きをするのが「中央構造線」である（図３－９）。この大断層は、まだ恐竜が闊歩《かっぽ》していた頃、今から１億年以上前に、日本列島がまだアジア大陸の一部であった時に活動を始めたもので、九州から関東地方まで、総延長数百キロメートルにも及ぶ。このような、いわば大きな傷が地盤の中を走っているために、フィリピン海プレートの西向き成分の運動によって、この大断層の南側の地盤はマイクロプレート化して西向きに引きずられることになるのだ（図３－９）。

このような断層の動きは、当然その北側の地帯の地盤を引きずるために、瀬戸内海沿岸域にも変形は及ぶ。この変形が北西─南東方向の断層系を作り、それを境に地盤の変形を解消するように、隆起域と沈降域が繰り返し出現するのだ。

変動帯日本列島を生み出した３００万年前の大事件

このような瀬戸内海周辺の地殻変動は、その代表的な隆起域の名をとって「六甲《ろっこう》変動」と呼ば

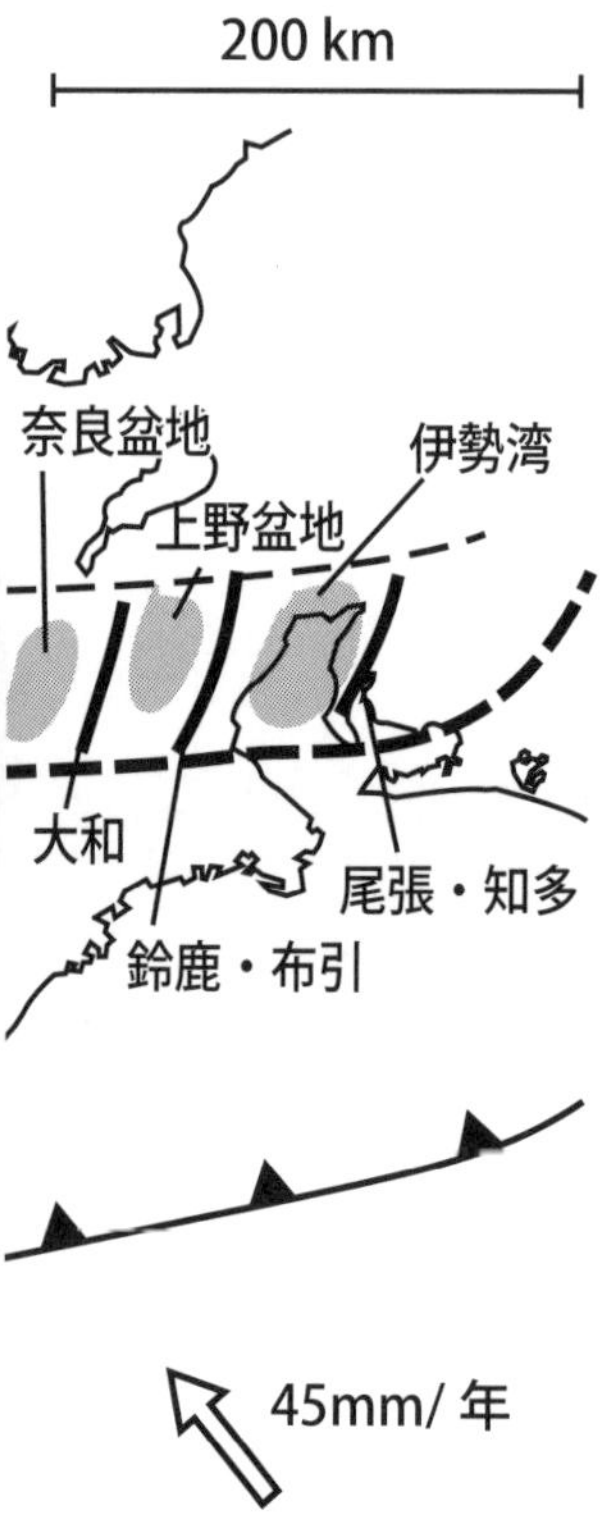

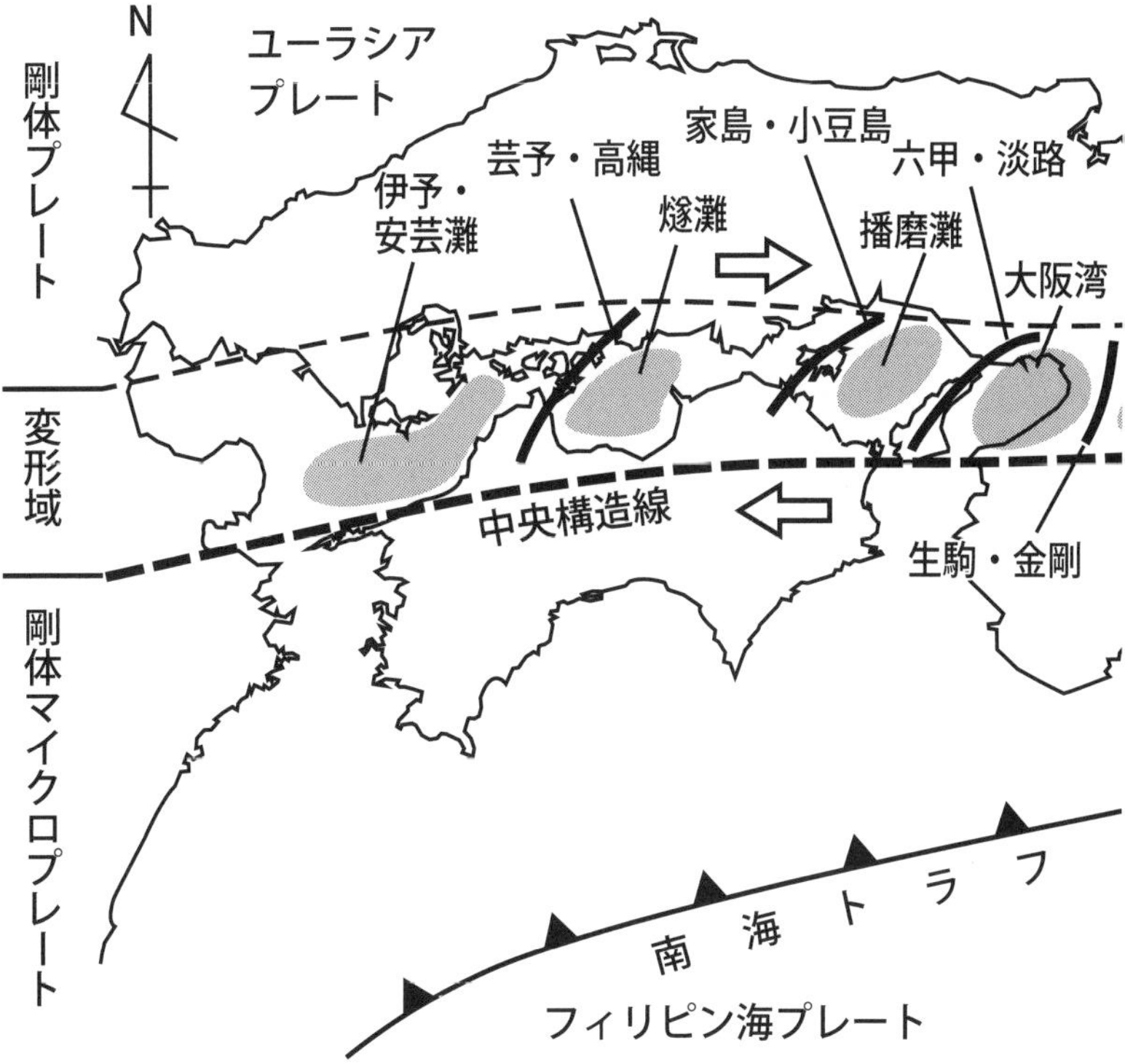

図３－９　フィリピン海プレートの斜め沈み込みで作られる
瀬戸内地域の沈降域と隆起域

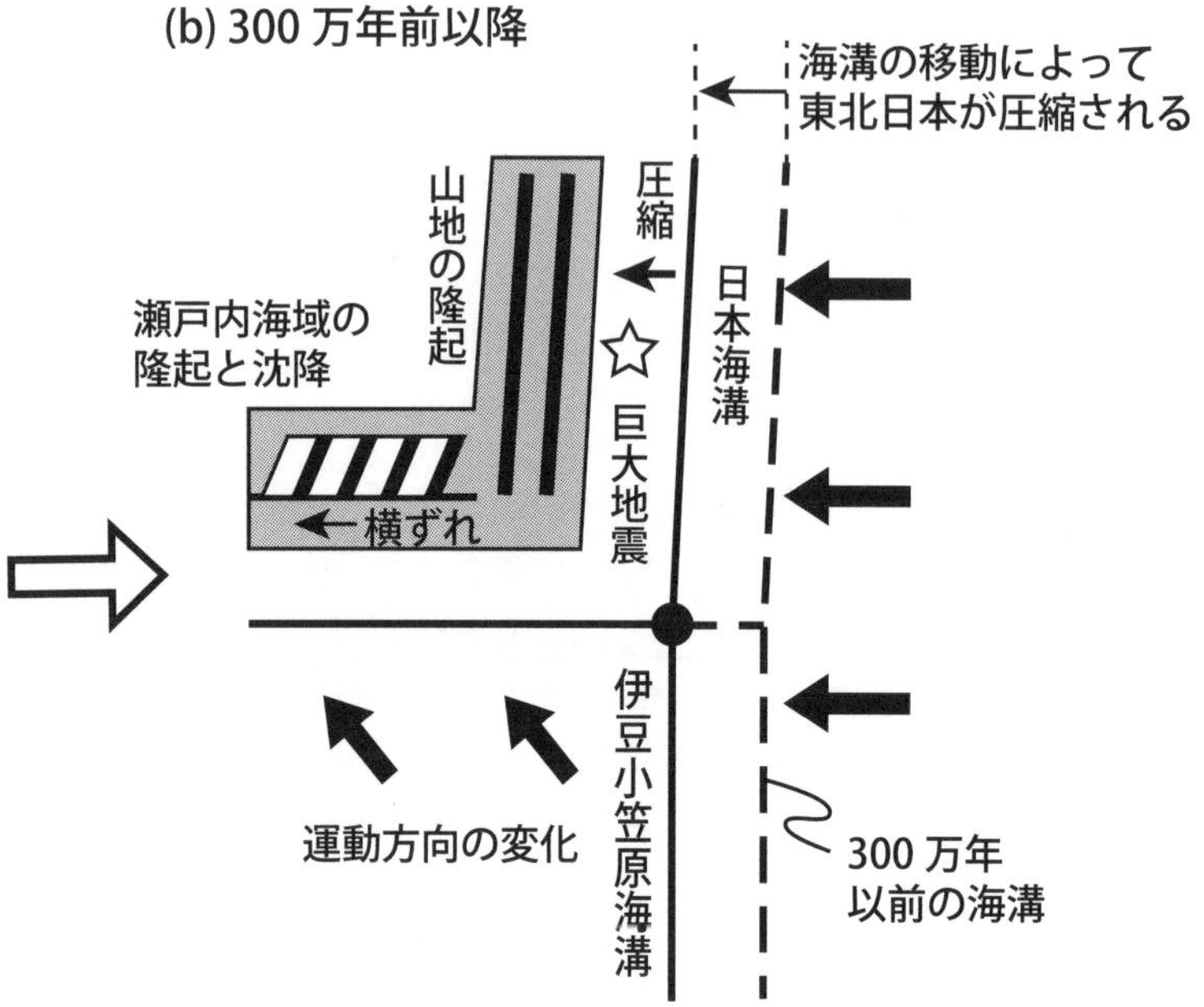

図３－10　300万年前に起きたフィリピン海プレートの方向転換。
このために瀬戸内海や東北地方の山地が形成された

(a) 300万年前以前

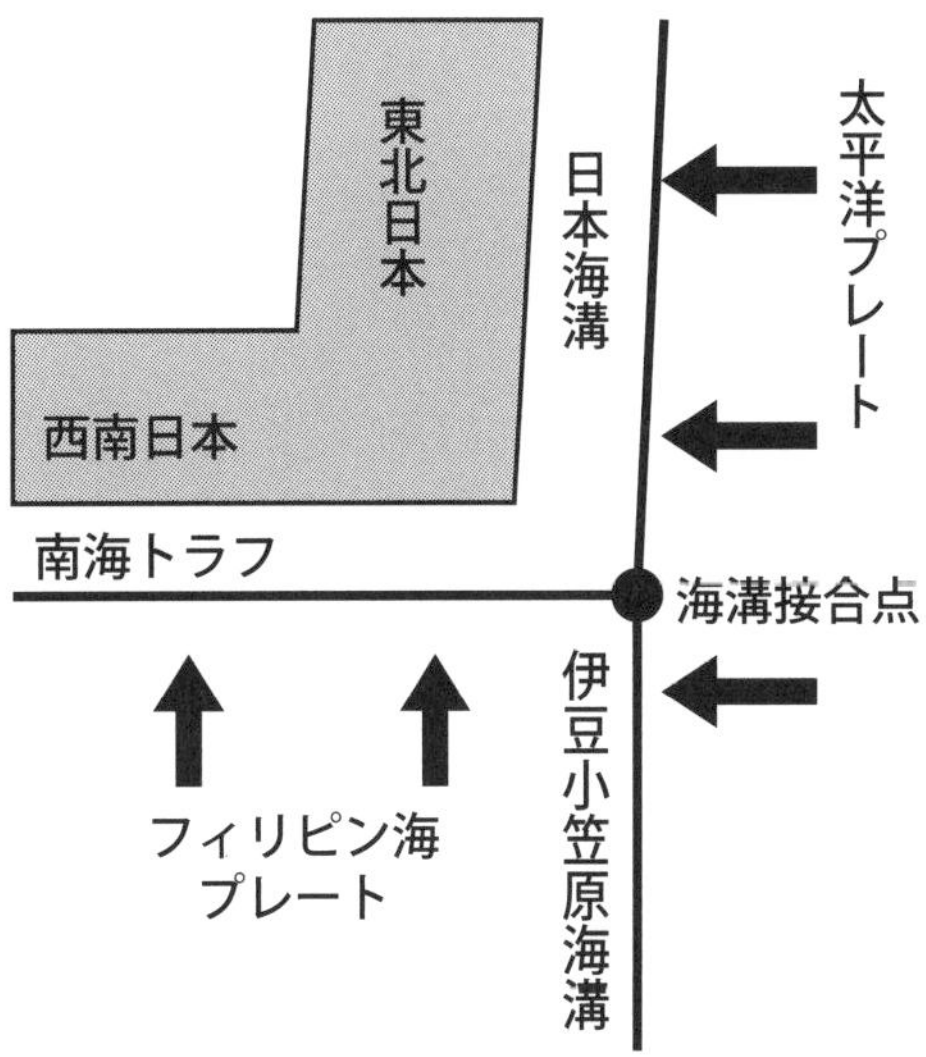

れている。そしてこの変動が始まったのは、今から約300万年前と言われている。つまり、この時期を境に、それまでほぼ真北に向かって運動していたフィリピン海プレートが、西向き成分を含む「斜め沈み込み」に変化したのだ（図3－10）。

ここで、日本列島全体の変動を考える上で重要な事実がある。それは、300万年前という時代は、前章で述べた東北地方の山地が、急激に隆起を始めた時期でもあるのだ（図3－10b）。もちろん東北地方では、マグマが地下で固まったために、地殻が厚くなって隆起をしていたのだが、それが急に加速し始めたのだ。つまり、東北地方の地盤に働く圧縮力が急に強くなったと考えられる。一方で、日本海溝からこの地域の地下に沈み込む太平洋プレートの運動は、過去数千万年は大きく変化していないことがわかっている。

この不思議な急激な山地形成の原因は、じつは300万年前のフィリピン海プレートの方向転換にあることが、高橋雅紀《まさき》さんの研究でわかった。先に述べたようにフィリピン海プレートは300万年前まではほぼ北向きに沈み込んでいたのだが、突如運動方向を西向きに変えた。すると、このプレートの東の端にあたる伊豆・小笠原海溝も、西向きに移動せざるを得なくなる（図3－10）。

ここで注目したいのが、伊豆小笠原海溝につらなる日本海溝の動向である。伊豆小笠原海溝だけが西進し、日本海溝が不動のままであることも考えられるのだが、この場合は、両者にズレが生じることになる。ところが、現在このようなズレは確認されていないのだ。ということは、2つの海溝の接合点（図3－10の黒丸）は崩れることなく、西向きに移動したことになる。つまり、フィリピン海プレートの方向転換に伴って、日本海溝も西向きに移動を始めたのだ。

海溝が移動するためには、その陸側の地盤、つまり東北地方が短縮してスペースを作らねばならない。言い換えると、日本海溝が西向きに移動することで、東北日本が圧縮されて縮み上がったのだ。これが、300万年前に急に、東北地方の山々が高くなったメカニズムである。
東北日本の強烈な圧縮は、目前《もくぜん》で沈み込む太平洋プレートの運動によるものではなく、フィリピン海プレートにその原動力があったのだ。太平洋東北沖地震（東日本大震災）をはじめとして、これまで幾度となく日本海溝沿いで発生してきた超巨大地震も、元を正せばフィリピン海プレートの動きに原因があったことになる。

では、なぜフィリピン海プレートは300万年前に突如として方向転換したのだろうか？図3－10aのようなプレート間の位置関係や運動方向では、沈み込む太平洋プレートとフィリピン海プレートの東の縁は、日本列島の地下でぶつかってしまう。このような衝突が起きても、巨大な太平洋プレートはまったく動じることはない。その結果、比較的小さく、しかも若くて柔らかいフィリピン海プレートの東縁はグニャリと変形してしまうに違いない。しかし、この変形にも限界がある。耐えきれなくなったフィリピン海プレートは、巨大なプレートと衝突を避けるように、その運動方向を西向きに変えてしまったのである。これが、300万年前に起きた大事件の真相だ。

ゆっくりと大きくなっていく日本列島

小笠原諸島の西之島で新島が誕生したのが2013年。新島が波で削られて消滅するのではないかと心配する向きもあったが、2017年、2018年にも大量の溶岩の流出があり、ますます新島は強固になったようだ。この一連の火山活動で日本列島は、ほんのわずかだが確実に大きくなった。

西之島火山は、海上に顔を出している部分はわずかだが、この島はまさに巨大火山の頂上部に当たる。すなわち海面下には大きな火山体が隠れているのだ。その高さは富士山に相当するという。先にも紹介したように、西之島を含むＩＢＭ火山列には巨大火山が林立している（図２－８）。もちろん図に示してあるのは活火山だけであり、待機火山も含めるともっと多数の火山が並んでいるはずだ。

さらに、この海域の地下の構造を調べると、ＩＢＭの地盤はそのほとんどが火山性の物質でできていることがわかってきた。ＩＢＭではマグマの固結や火山活動によって、どんどん地殻が成長しているのだ。だから、やがてＩＢＭでは広大な陸地が誕生する可能性もある。

一方で、じつはすでにＩＢＭは日本列島の拡大に一役買っている。その北端が日本列島に突き刺さって、列島の一部となっているのだ。

今後30年の発生確率が80パーセントを超えた「南海トラフ巨大地震」は、フィリピン海プレートが南海トラフから沈み込むことが原因で起きる。震源となる南海トラフは四国沖ではほぼ東西に延びているのだが、中部・関東沖では大きく曲がって駿河湾から上陸し、再び相模トラフから海底へ続いている（図３－11）。同様に、西南日本を走る大断層「中央構造線」も湾曲している。

それだけではない。このあたりでは地質構造も大きく「へこんで」いる。例えば、数千万年前にプレート運動によって日本列島に付け加わった「四万十帯《しまんとたい》」。この地質帯は九州から紀伊半島までは列島に沿うように東西に分布するが、伊豆半島の周辺では大きく屈曲しているのだ。

この大屈曲の謎をとく鍵は、伊豆半島とその北部地域に広がる地質とその構造だ。この地域には海底に噴出した溶岩やマグマの破片が大量に分布し、かつては海底火山であったことがわかる。さらにその周辺には、サンゴの化石も見つかる。したがってこれらの地層は、現在よりもずっと南に位置した海底火山とサンゴ礁が、この地域に「くさび状」に打ち込まれたものと考えられる。この海底火山は、伊豆半島から南へ延びるＩＢＭで成長したものに違いない。

このような海底火山列と、先に述べた伊豆半島北側の地層の特徴を考えると、南海トラフや地層の屈曲は、伊豆諸島が北上して本州にぶつかったために生じたと考えられる。だからこのあたりは「伊豆衝突帯」と呼ばれるようになった。

もちろん、この衝突の原動力は、フィリピン海プレートにある。ＩＢＭの火山列を乗せたこのプレートが、年間4～5センチメートルの速さで北西方向に移動して、南海トラフから沈み込んでいるのだ。プレート自体は沈み込んでしまうのだが、その表面の「突起物」である海底火山は剝ぎ取られて、本州の地盤へ突き刺さる。

海底火山が次々と衝突すると、本州側では地盤が圧縮されて盛り上がることになる。また、衝突して圧縮されることで分厚くなったために、温度が上昇してＩＢＭの岩石が融けて、新たなマグマも作られたようだ。このマグマが冷え固まると花崗岩となった。神奈川県北西部に広がり、

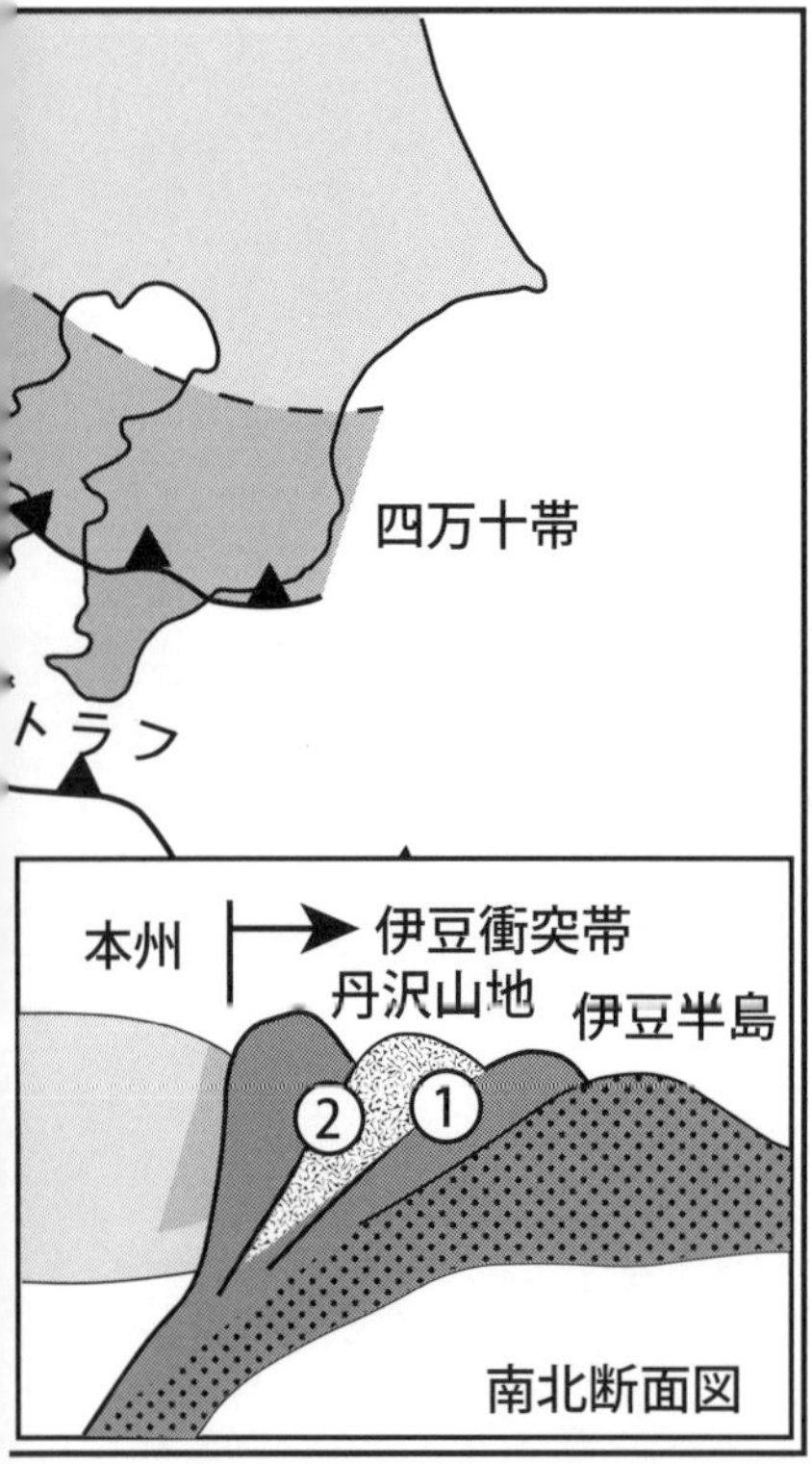

尾根と谷が急峻な地形をなす壮年期の丹沢山地は、衝突の産物としてできた花崗岩が、圧縮によって絞り出されるように、激しく隆起してできた山地である（図3－11）。

ＩＢＭの衝突による日本列島の「拡大」は、当然これからも続く。単純に計算すると、あと1000万年もすると、長野県ひとつ分の陸地が広がることになる。な～んだ、そんなにゆっくり！　と、ほとんどの人はがっかりするに違いない。しかし、このような陸地の拡大は、約40億年前の地球でプレートテクトニクスが始まり、そのためにＩＢＭのような火山性の地殻が作られ、それらが衝突合体して大陸を造り上げたという、地球創世期のドラマの再現なのだ。

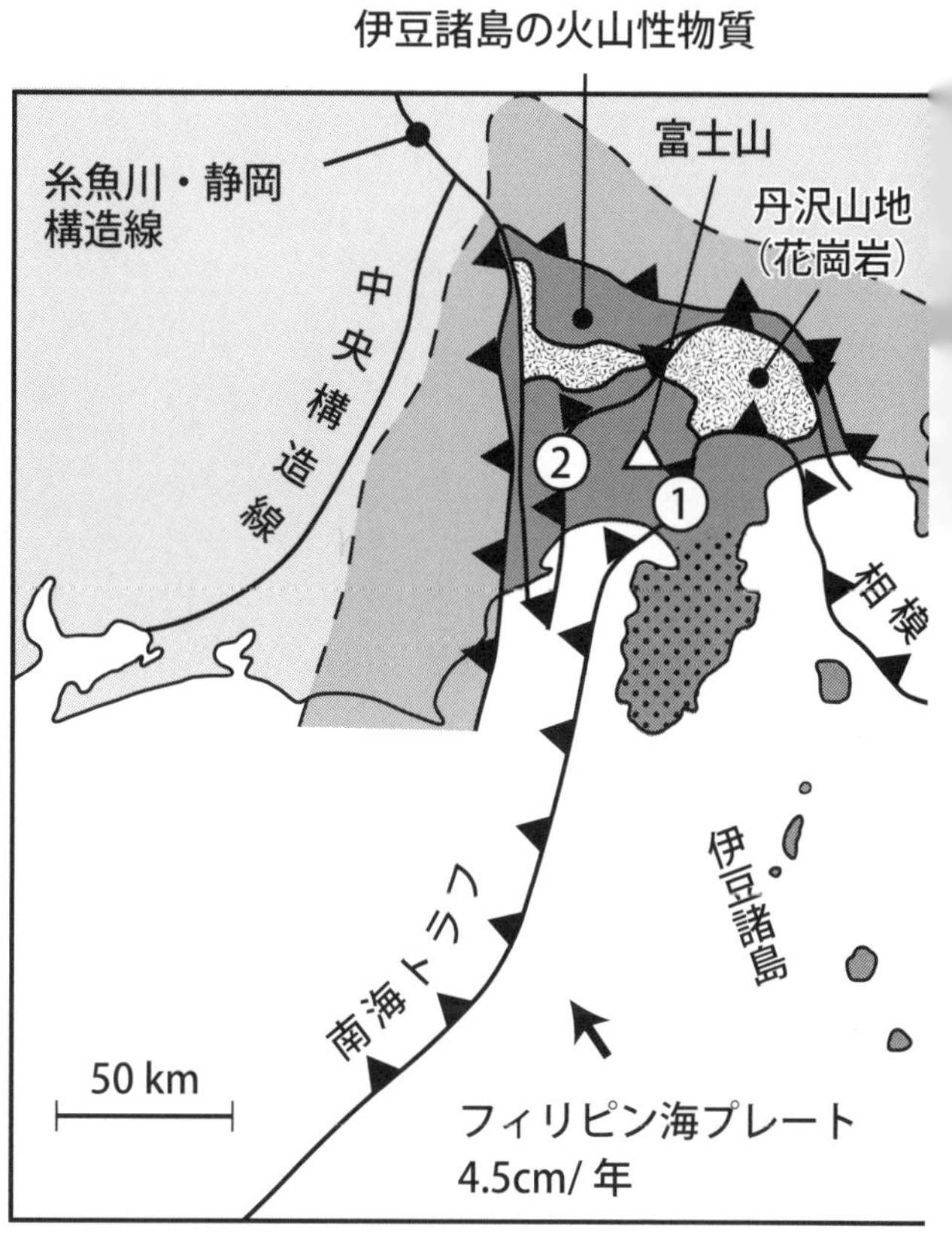

図３－11　伊豆衝突帯の地質構造

なぜ日本の石灰岩は高品質なのか

地球表面の1パーセントにも満たない狭小な国土だが、この大地がどのようなプロセスで成長してきたのかは、私たちにとっては興味深い問題だ。もちろん、この列島の土台はマグマが作ってきたのであるが、もうひとつ変動帯ならではの過程も、大きな役割を果たしてきた。その営みを記録しているのが「石灰岩」である。

鉱産資源に乏しいこの国にあって、石灰岩は自給率100パーセント、その上純度が高く、高品質である。だからこの石は、明治以降の近代化の過程で、例えば製鉄で鉄鉱石に含まれる不純物の除去やセメントの材料として重宝されてきたのだ。

ヨーロッパにも石灰質の岩石は広く分布している。例えば地中海沿岸の白亜の崖や、パリ盆地などである。また、ブルゴーニュで代表されるような美味なワインには、石灰質の土壌が欠かせない。しかしこれらはいずれも、石灰岩が水の営力で削られて堆積した地層である。

一方で、日本列島の石灰岩は、層状ではなく塊となって転々と分布している。そして石灰岩の中には、たくさんのサンゴの化石が含まれている。つまり日本列島の石灰岩は、もともと南洋のサンゴ礁として作られたものなのだ。だからこそ、砂や泥が混じらず純度が高いのである。

もうひとつ、日本の石灰岩の産状には大きな特徴がある。多くの場合、石灰岩の下に多量の水中溶岩が存在するのだ。いったい、このサンゴ礁と水中溶岩のペアは何を意味するのだろうか？例えば、ハワイ諸島を眺めてみよう。

現在も活発な活動を続けるキラウェア火山を擁するハワイ島は、ハワイ諸島最大の島だ。ここから北西方向へ連なる、マウイ島、モロカイ島、オアフ島、それにカウアイ島も火山島ではあるのだが、今はもう活動していないので、島は波風に削られて小さくなっている。これらハワイ諸島の溶岩の年代を測定すると、北西に向かってだんだん古くなっているのだ。これは、ハワイ島の地下深くにマグマの源（ホットスポット）があって、ここからマグマを次々と噴き上げて海底火山を作る一方で、ハワイ諸島を乗せた太平洋プレートが北西方向へ移動しているために起きた現象だ。

ところでサンゴ礁だが、新しい溶岩に覆われるハワイ島ではあまり発達していないのに対して、火山活動が衰えた他の島では見事に成長している。つまり、南洋のサンゴ礁は、火山島が活動を終えて、プレートが移動する際に、火山島が沈降することで成長しているのだ。同様のことは、南太平洋のタヒチ諸島でも観察される。

だから、日本列島の石灰岩と水中溶岩のペアーは、まさに南洋のホットスポットで作られた海底火山とサンゴ礁と見なすことができる。このような海底火山は、先ほども述べたようにプレート運動でどんどん移動するのだが、太平洋の底には、このような海底火山の化石（海山）が連なっている（図3－12）。図でハワイから連なる「ハワイ・天皇海山列」がその典型である。そしてこの海山列が大きく「く」の字形に屈曲している所があるが、この場所の溶岩の年代を測ると、4700万年前のものとわかる。この時期に、太平洋プレートの運動方向が大きく変化したのだ。

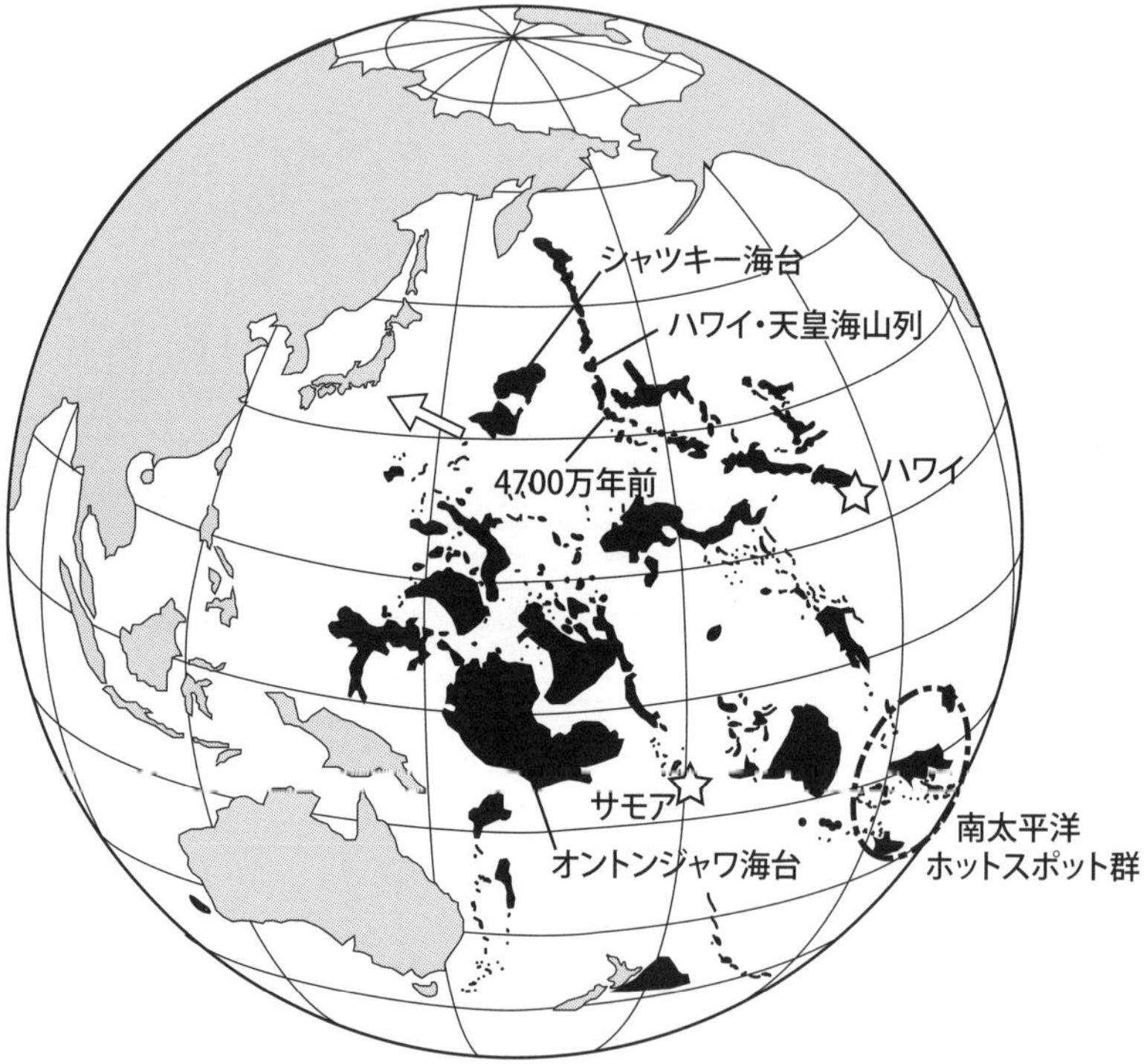

図３－12　太平洋に点在する海山と海台

太平洋プレートが運んでくれた贈り物

図を見ると、平坦だと思っている太平洋の海底には、無数の海山や、巨大な海山（海台）があって、結構起伏に富んでいることがわかる。これらの多くは、ハワイ、サモア、そして南太平洋のホットスポットで作られた海底火山の化石なのだ。中でもオントンジャワ海台は南太平洋域で造られた地球最大規模の火山のひとつだ。

このようなサンゴ礁の帽子をかぶったような海山や海台は、太平洋プレートに乗って北西方向、つまりユーラシア大陸に向けて押し寄せてきている。こんな海底の巨大な構造物は、日本列島までやってくると、どうなるのだろうか？（図3－13）。

深海の底には、細かい泥や生物の遺骸などがゆっくりと堆積《たいせき》した泥岩やチャートなどの深海堆積物が層をなしている。これらは、海山とともにプレートに乗って「沈み込み帯」へ運ばれてくる。また海溝には、陸側の斜面に堆積していた陸起源の砂や泥が、巨大地震などで引き起こされた海底地滑りで運ばれた堆積物も溜まっている。

これらの物質はプレートと一緒に地下へと持ち込まれるのだが、その一部、特に突起物である海山は潜り込むことができずに、陸側へと掃き寄せられていく。このようにして「付加体」と呼ばれる地層群が、まるで年輪のように陸地を広げていくのだ（図3－13）。これもまた、変動帯日本列島が大きくなる重要なメカニズムである。例えば、図3－11に示した「四万十帯」は、数千万年前から日本列島に付け加わってきた付加体である。

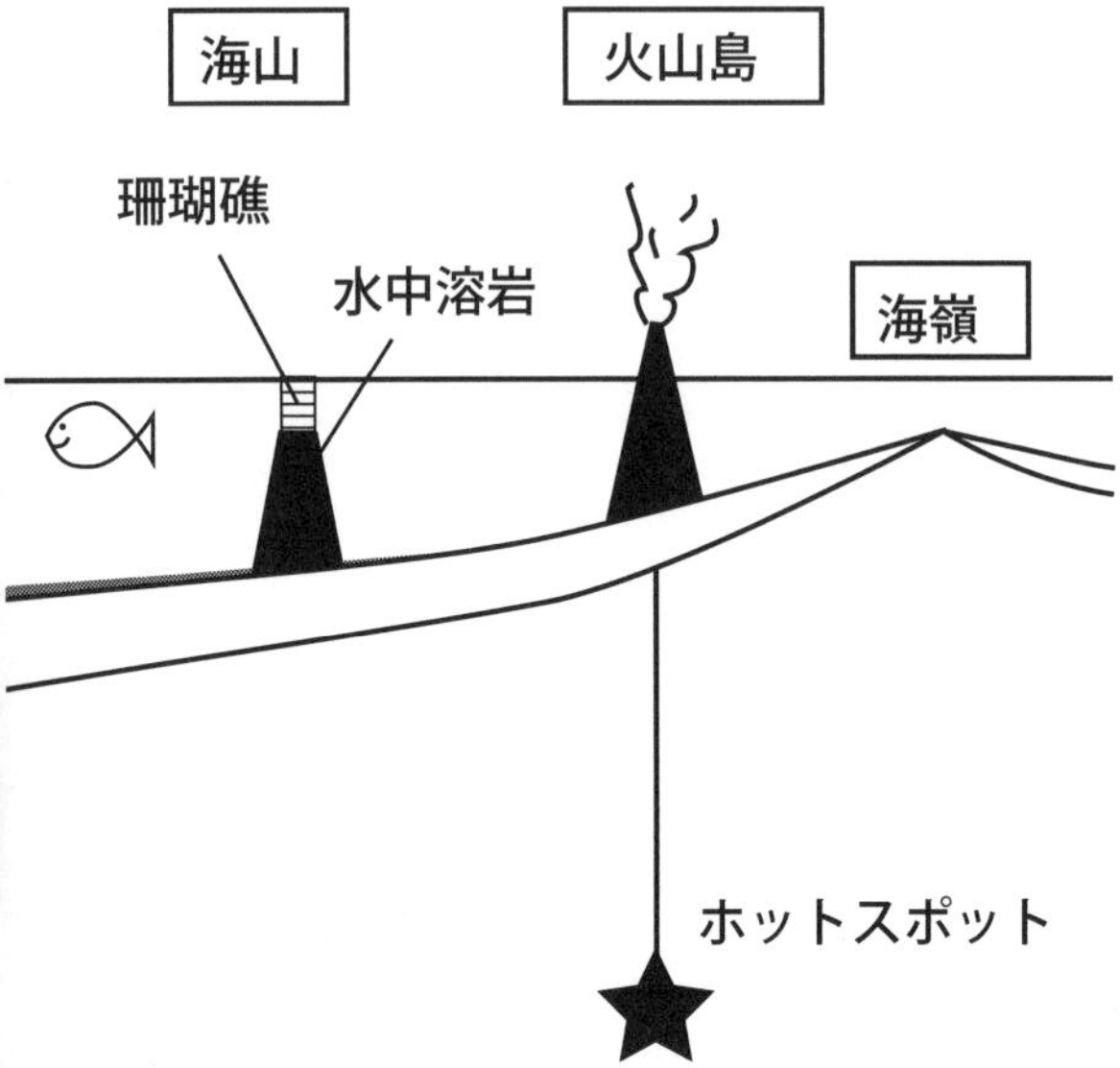

このような付加体の中には、当然ながら海底から聳《そび》え立っていた海山も含まれている。ただし多くの場合、ある意味で突起物のような海山は、まるで首切り地蔵のように上部だけが剝ぎ取られて、付加体に取り込まれているようだ。このようにして、純度の高い石灰岩と水中溶岩のペアが日本列島に散在するようになったのだ。

日本の石灰岩鉱山近くで見つかる水中溶岩の化学的な特性を解析すると、ほとんどの水中溶岩は、その特徴が現在の南太平洋ホットスポット群（図3－12）のものとドンピシャ一致する。そしてこれらの水中溶岩の形成年代は、約1億年前と3億年前。つまり日本の石灰岩は、太古の昔に南太平洋で誕生

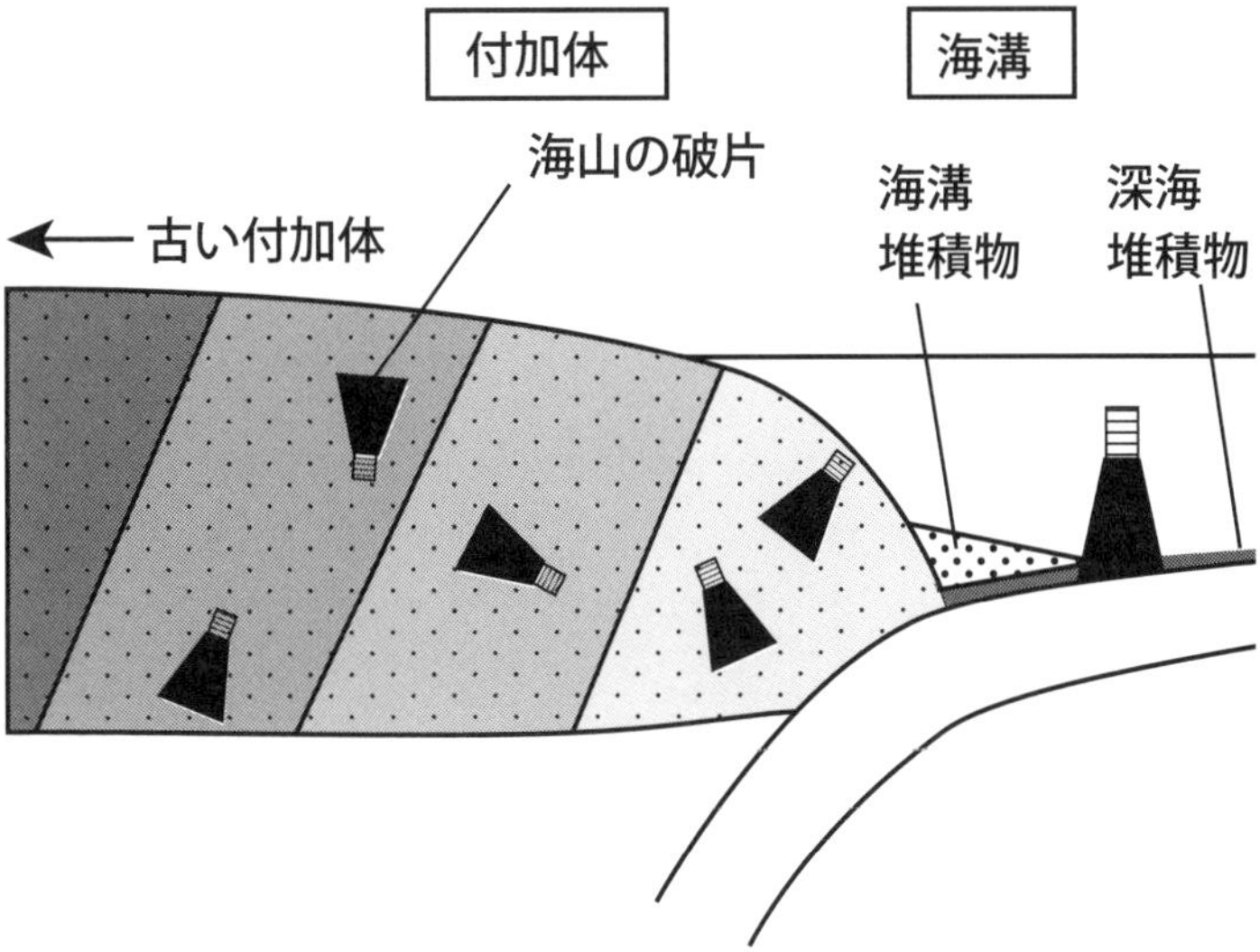

図3－13　日本列島に押し寄せて付加体を形成する海洋物質

したサンゴ礁を太平洋プレートが運んできてくれた、ありがたいプレゼントなのである。

第4章　日本列島の巨大火山災害の恐怖

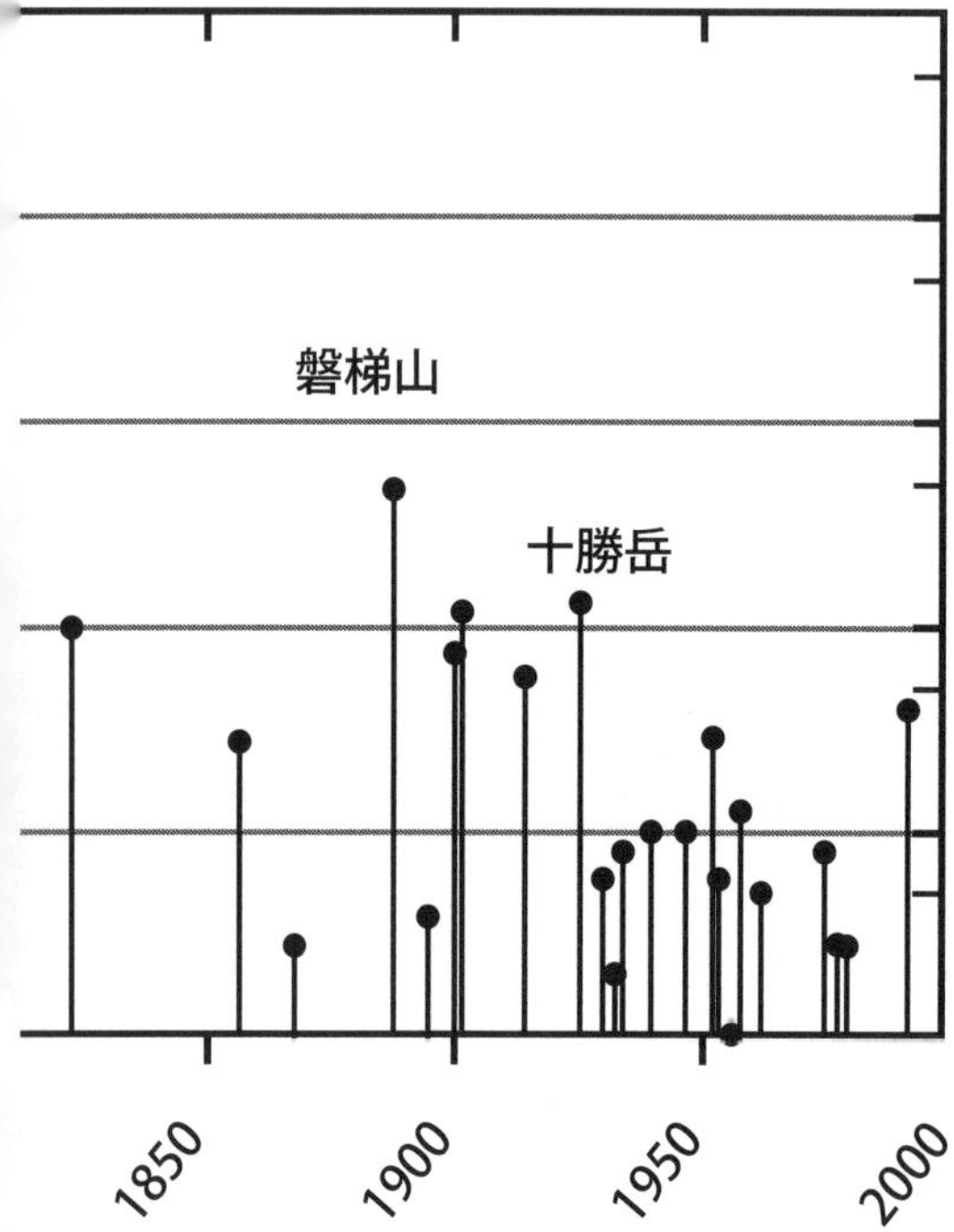

確認できる最古の噴火は榛名山の噴火

１１１もの活火山が集まる日本列島では、これまで数え切れないほどの噴火が起こり、多くの犠牲者を出してきた。今のところ、犠牲者を確認できる最古の噴火は、おおよそ１５００年前の古墳時代に起きた榛名《はるな》山《さん》の噴火だ。それは古墳時代、４９７年前後に起きたと推定されている。

この噴火は水底で始まり、マグマ水蒸気爆発によって多量の火山灰が周辺に降り積もった。その後溶岩ドームが形成されたのだが、これが大爆発とともに崩壊すると、火砕流が発生し、約３５０平方キロメートルもの一帯を焼き尽くした。

噴火地点から約10キロメートル離れた現在の群馬県渋川市にある「金井東裏遺

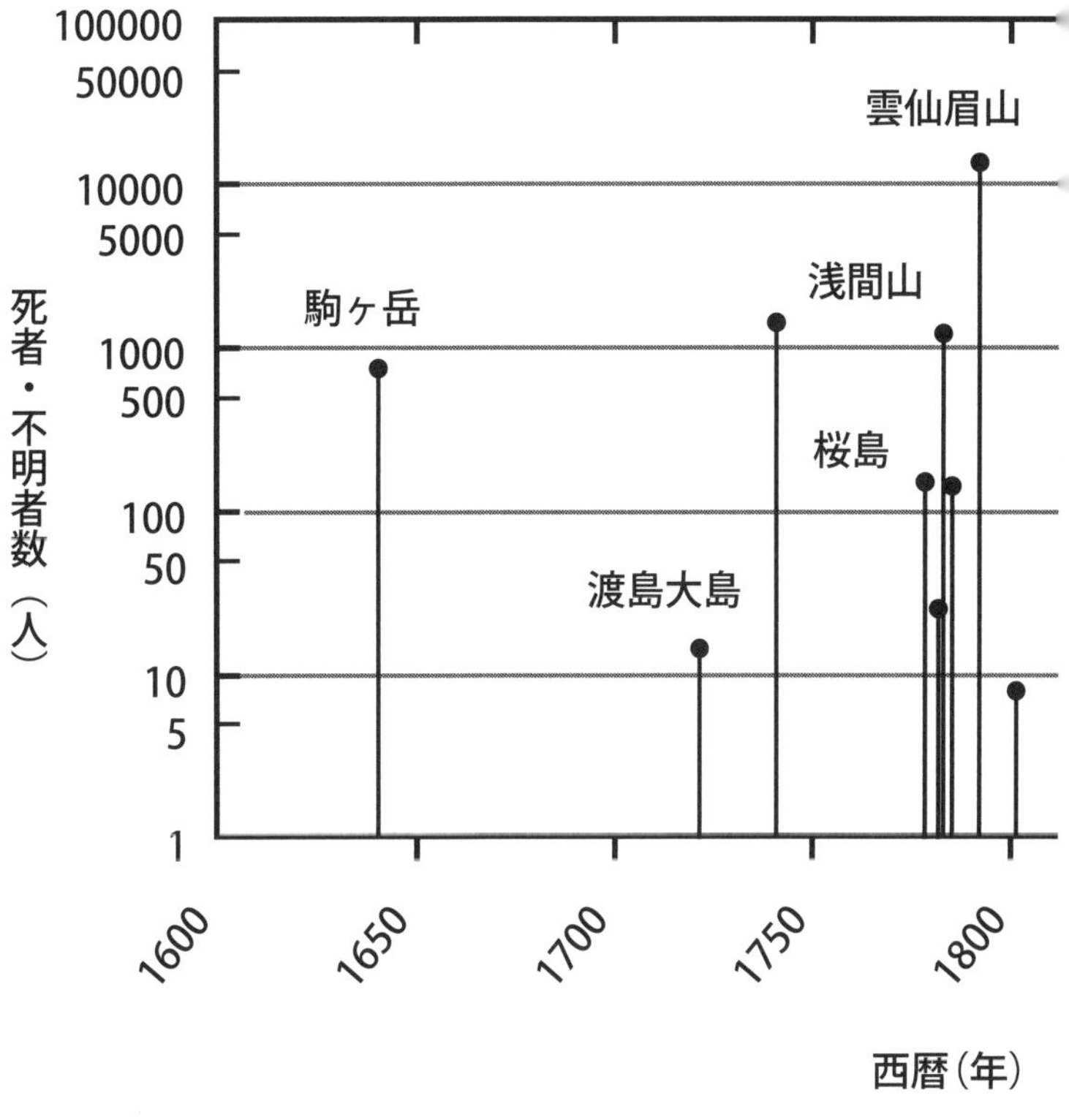

図４－１　日本における17世紀以降の主な火山災害と被害者数

跡」にもこの火砕流が達した。ここでは、甲《よろい》を着た成人男性、管玉とガラス玉の首飾りをつけた成人女性、それに幼児と乳児の計４人が火砕流に埋もれて発見されたのだ。

江戸時代以降の主なわが国の火山災害を図４－１に示す。この図を見て気づくのは、明治時代以降噴火災害が頻発していることだ。しかしこれは、日本列島において火山活動が活発になったためではない。近代国家の成立によって、国として災害情報を把握したことと人口増加の結果だ。

もちろん、この図に示した時期より前にも、この火山列島では火山災害が起きていたことは確かで、例えば「六国志」などの史料にその記録はあるのだが、被害の規模は不明である。おそらくその最たるものは、平安時代の864年に始まった富士山貞観《じょうがん》噴火であろう。この噴火は日本史上最大クラスの噴火だった。

ここでは、相当の被害が出たと考えられる富士山貞観噴火、それに江戸時代以降に大災害を引き起こした、さまざまなタイプの噴火を概観することにしよう。

日本史上最大の噴火とされる富士山貞観噴火の結果

貞観6年（864年）の6月中旬から、富士山で大規模な噴火が起きたことが、『日本三代実録』に記されている。日本史上最大規模の噴火のひとつ、富士山貞観噴火だ。マグマの総噴出量は1・4立方キロメートル、東京ドーム1100杯、黒部《くろべ》ダム貯水量の7倍にも及ぶマグマが2カ月ほどの間に噴出したのだ。

この噴火では、当時このあたりで最大の湖であった「せのうみ」（せの海）に溶岩が流れ込んで大部分を覆い尽くして分断し、その結果、現在の西湖《さいこ》と精進湖《しょうじこ》が誕生した（図4－2）。また、樹海で知られる青木ケ原は、この噴火で流れ出した溶岩流がその大部分を占めている。記録では

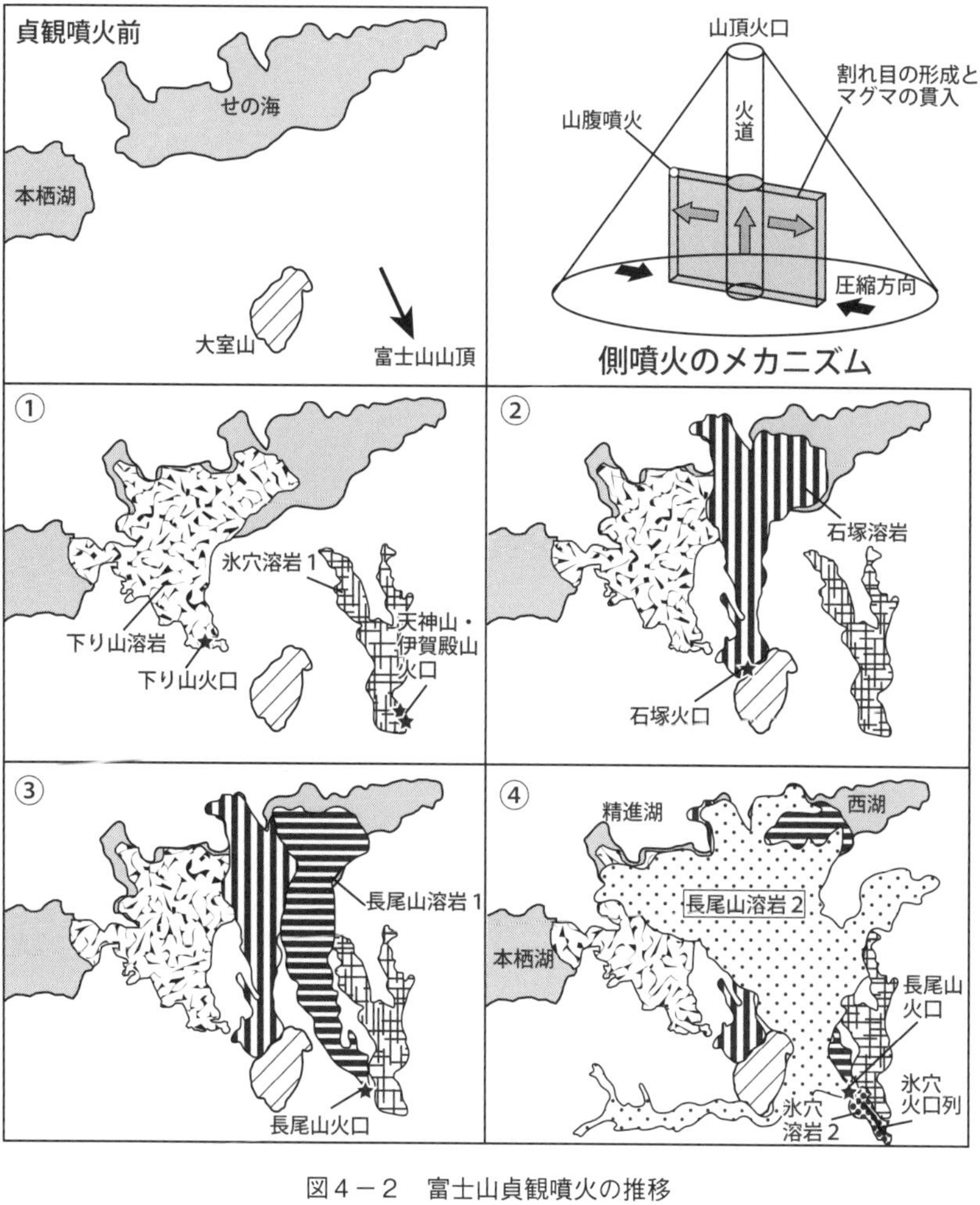

図４－２　富士山貞観噴火の推移

被害者数は不明であるが、多くの家屋が溶岩流に飲み込まれたことが記されている。

貞観噴火は複数の火口からマグマが噴き上げたのだが、高橋正樹さんたちの調査によると、その始まりは最も標高が低く、山頂から離れた「下り山火口」だった（図4－2①）。山腹にできた割れ目から噴出した「下り山溶岩」の一部は、せのうみにも達した。やがて、もっと標高の高い位置に「天神山」と「伊賀殿山火口」が開口し、氷穴溶岩1が流出した。

もちろん富士山頂には火口が存在し、ここからマグマが噴出することで、日本一の高さにまで成長した。しかし今から約2300年前以降の噴火では、山腹にできた割れ目からマグマを噴出するようになった。このように山腹噴火が多発することが富士山の特徴のひとつであり、実際、富士山では「側火山《そっかざん》・側火口《そっかこう》」が、山頂を横切る北西―南東方向に密集している。貞観噴火もこのような側火口で起きたものだ。

では、なぜ富士山ではこのように、ある方向性をもって山腹で噴火が起きるのだろうか？

富士山周辺では、フィリピン海プレートの沈み込みによって、北西―南東方向に強い圧縮力が働いていて、そのために、この方向に割れ目が発達しやすい状況にある。マグマは火道を上昇してくるのだが、その時に割れ目が北西―南東方向にできると、それに沿ってマグマが水平方向に貫入してゆく（図4－2）。そしてこの割れ目が山腹に到達すると、側火口から噴火が始まるのだ。

そしてマグマの供給が続くと、火道の高い位置までマグマが到達して、その位置でマグマの貫

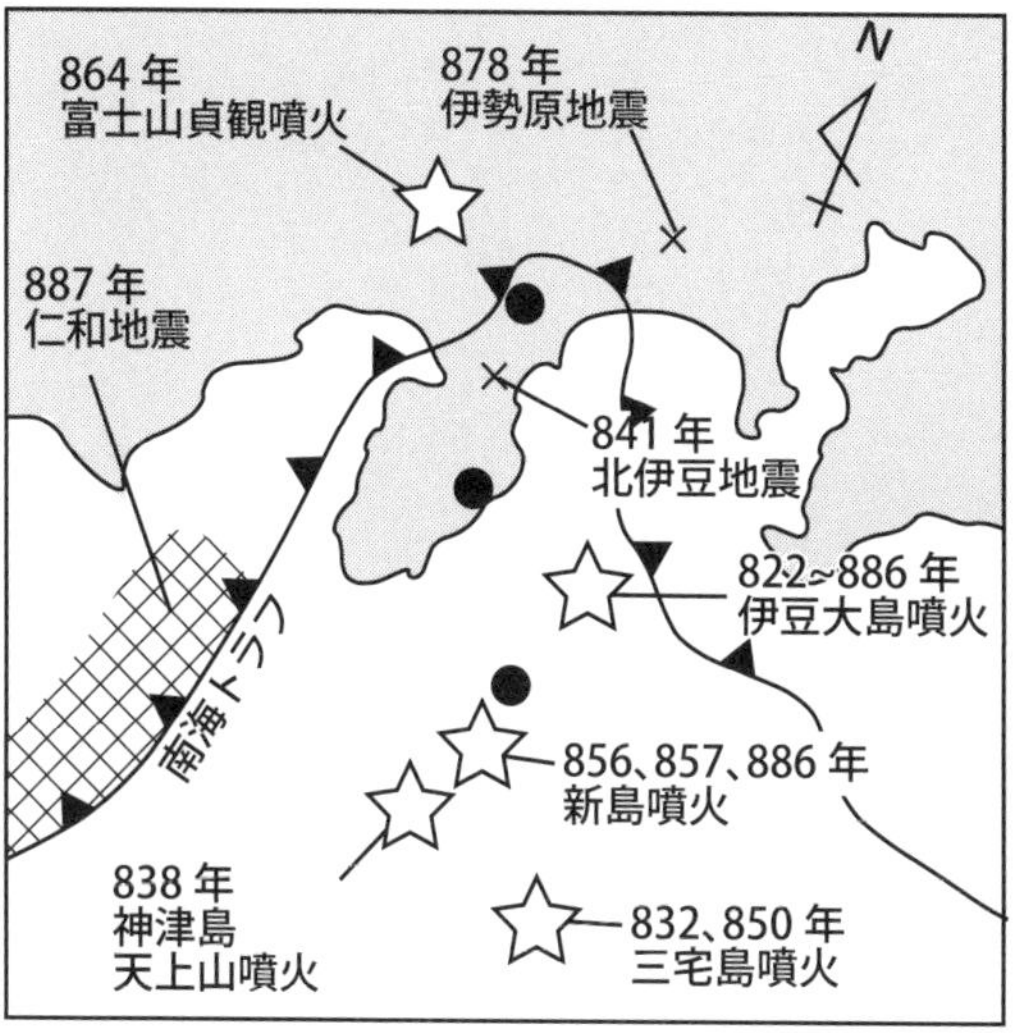

主な火山噴火
800 年　富士山延暦噴火
806　　磐梯山
822　　伊豆大島
832　　三宅島
838　　神津島
850　　三宅島
871　　鳥海山
874　　開聞岳
886　　新島
主な地震
818　　北関東地震
868　　播磨国地震
869　　貞観地震（日本海溝）
878　　伊勢原地震
887　　仁和地震（南海トラフ）

図４－３　９世紀の南関東・伊豆周辺などで起きた地震と噴火

入が起こり、最初よりも標高の高いところへと噴火位置が移動するのだ。貞観噴火の火口の位置や、その噴火の進行に伴う移動も、このように考えるとうまく理解することができる。

その後約2年の間に、石塚溶岩、長尾山溶岩などが相次いで噴出した（図4－2）。長尾山溶岩2はこの噴火でも最大規模で、せのうみを埋め立てたのは、この溶岩だった。またこの溶岩流が青木ヶ原の主要部分を構成している。

ところで、富士山貞観噴火が起きた9世紀は日本各地で地震や噴火が相次ぎ（図4－3）、「大地動乱時代」と呼ばれている。中には、3・11以降の地震や火山活動は、この平安時代の大地動乱の再現、つまり日本列島が活動期に入ったと主張

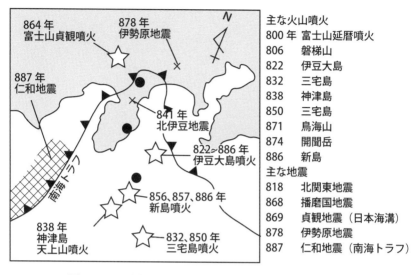

する科学者もいるが、これは平安時代以降の戦国時代になると、中央集権制が崩壊し、災害の記録が激減することによる効果である。もちろん、科学的に大地動乱期に入ったとする根拠はまったくない。

9世紀の火山噴火を見ると、貞観噴火とともにインパクトの大きかったものが、838年に神津島《こうづしま》で起きた「天上山噴火《てんじょうさんふんか》」である。『続日本後紀《しょくにほんこうき》』によれば、京都で降灰に加えて鳴響があったとされ、降灰は関東・中部・近畿及び中国地方の16カ国に及んだという。そのほか9世紀に伊豆地方で地震や噴火が多数起きたことは事実だ（図4－3）。だが、これが見かけ上のことなのか、それともなんらかの要因があったのかはよくわからない。

一方で、紀貫之《きのつらゆき》の作とも言われる『竹取物語』の成立に、これらの火山活動が関与したことは間違いなさそうだ。ヒロインは「かぐや姫」。カグとは日本神話で最強の火山神「カグツチ」の名にもあるように「燿《かが》やく」こと、つまり火に通じる語である。また、物語の最後に、不老不死の薬を焼くために富士山へ登ったとあるのも、注目に値する。

磐梯山・渡島大島・駒ヶ岳に見る山体崩壊の恐怖

日本列島の多くの火山は、富士山に代表されるように、優美で雄大な形が特徴である。だからこそ、火山噴火と聞くと火口から上がる噴煙と、溢れ出る溶岩流を思い浮かべる人が多いだろう。確かにこのような山頂噴火が、火山の成長を促したことは間違いない。ただ、100万年の火山の一生の中では、逆に山体を破壊するような火山活動が起きることも稀ではない。いやむしろ、ほとんどの火山でこのような「山体崩壊」が起きた証拠があり、実際それが大災害につながった例も多い。

1980年、アメリカ西海岸のセントヘレンズ山で起きた山体崩壊は、初めてその様子が映像に収められて、世界中に衝撃を与えた。この映像は今もYouTubeで見ることができる。数立方キロメートルにも及ぶ山体が崩壊して時速200キロメートルにも達する「岩屑《がんせつ》なだれ」となって流れ下り、さらに横なぐりの爆風（衝撃波）や火砕流が周囲を襲った。

近代国家として歩み始めた矢先の日本でも、これとほぼ同規模の山体崩壊が磐梯山《ばんだいさん》で発生し、大きな被害を出した。磐梯山は1888年の7月初めから鳴動を繰り返していた。しかし噴煙が上がるわけでもなく、地震もそれほど激しくはなかったので、この時点で人々はそれほど心配していたわけではなかった。

しかし15日午前7時ごろから、激しい鳴動・地震が相次ぎ、ついに7時45分に小磐梯山《こばんだいさん》の山頂部付近（図4－4）で大噴火が起きた。この噴火はマグマが噴出したものではなく「水蒸気噴火」であったが、そのエネルギーは凄まじく、黒煙柱が上空1500メートルまで立ち上がり、山麓では30センチメートルの火山灰が降り積もった所もあった。この時の降灰は太平洋沿岸まで及んだ。

そして、さらに激烈な出来事が噴火直後に起きた。この噴火で小磐梯山が完全に崩壊し、山体

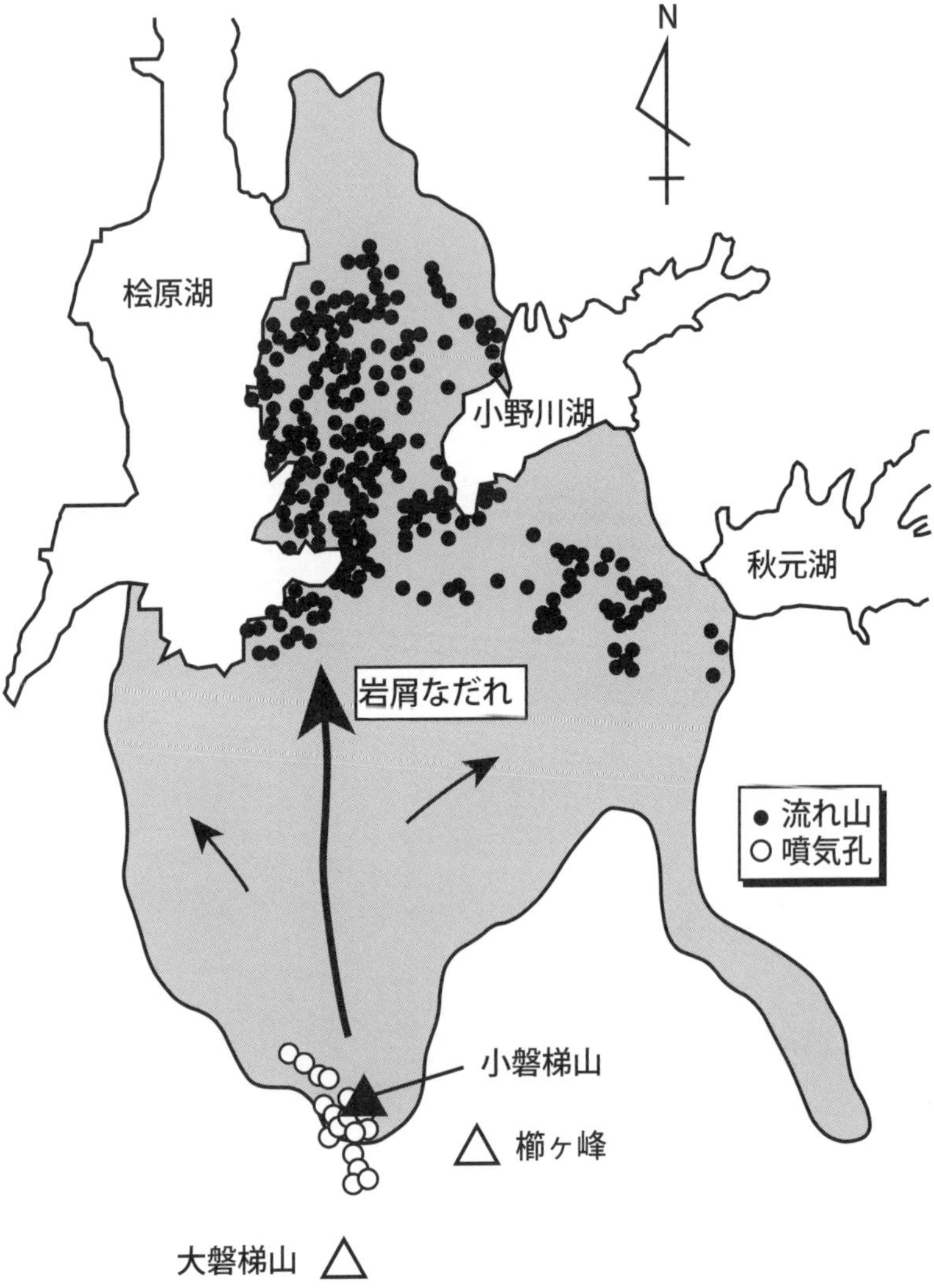

図４－４　磐梯山の山体崩壊と岩屑なだれ

を作っていた岩石が時速80キロメートルの「岩屑《がんせつ》なだれ」となって北方へ流れ、５６３戸の家屋と４６１名の住民を飲み込んだのだ。この岩屑なだれ堆積物には、山体の一部が原形を留めたまま流れ下った「流れ山」が数多く確認されている（図４－４）。またこのなだれによって長瀬川がせき止められ、桧原《ひばら》湖、小野川湖、秋元湖、五色沼《ごしきぬま》などの湖沼《こしょう》が出現した（図４－４）。

このような、噴火が火山島や海岸近くの火山で起きると、山体崩壊によって発生した岩屑なだれが海へ流れ込み、巨大な津波を引き起こすことがある。例えば、１６４０年の北海道駒ヶ岳や１７４１年の渡島大島《おしまおおしま》西山の噴火では、マグマの上昇や噴出に伴って大規模な山体崩壊が発生し、海に達した岩屑なだれが巨大な津波を発生させた、最大遡上高《そじょうだか》は20メートルを超えた所もあり、それぞれ７００名以上および１５００名近い犠牲者を出した（図４－５）。

このように、山体崩壊に伴う津波の被害はきわめて甚大だ。そして九州島原半島から有明海沿岸を襲った日本史上最大の火山災害も、同じメカニズムで発生した。

日本史上最悪の雲仙岳火山災害「島原大変肥後迷惑」

ムツゴロウにスナメリ、それに海苔《のり》。九州の有明海《ありあけかい》は豊かな生態系と干満の大きさで知られる内湾だ（図４－６）。しかしこの海は今でこそ内湾であるが、雲仙岳《うんぜんだけ》火山が島原半島を形作る以前は、東シナ海に開いていたはずだ。数十万年前から活動を始めた雲仙岳は、東西20キロメートル南北25キロメートルの領域に普賢岳《ふげんだけ》をはじめとする複数の火山体が集まったものだ。その噴出

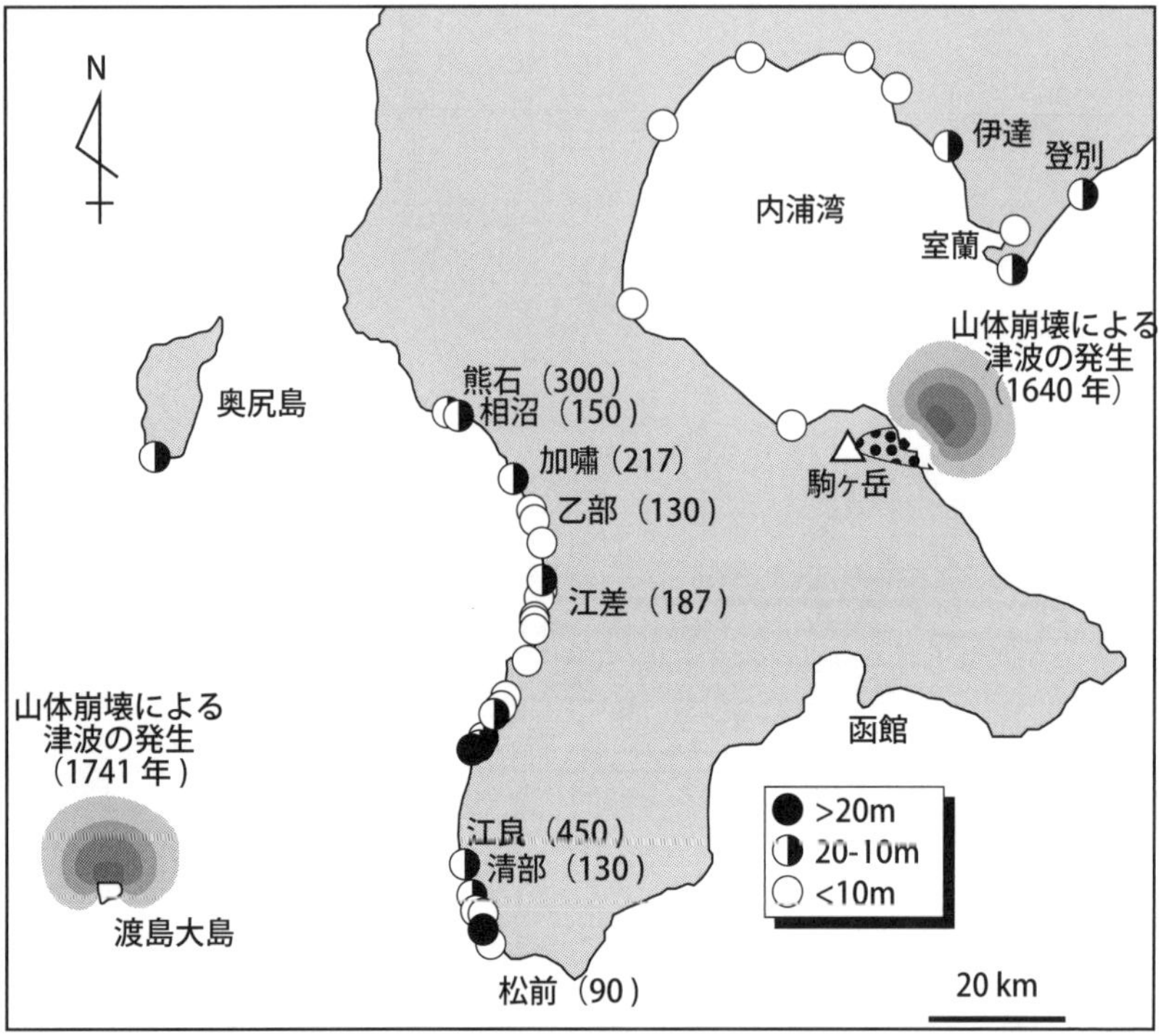

図４－５　渡島大島と北海道駒ヶ岳の山体崩壊で生じた津波の遡上高
（　）内の数字は死亡者数を示す

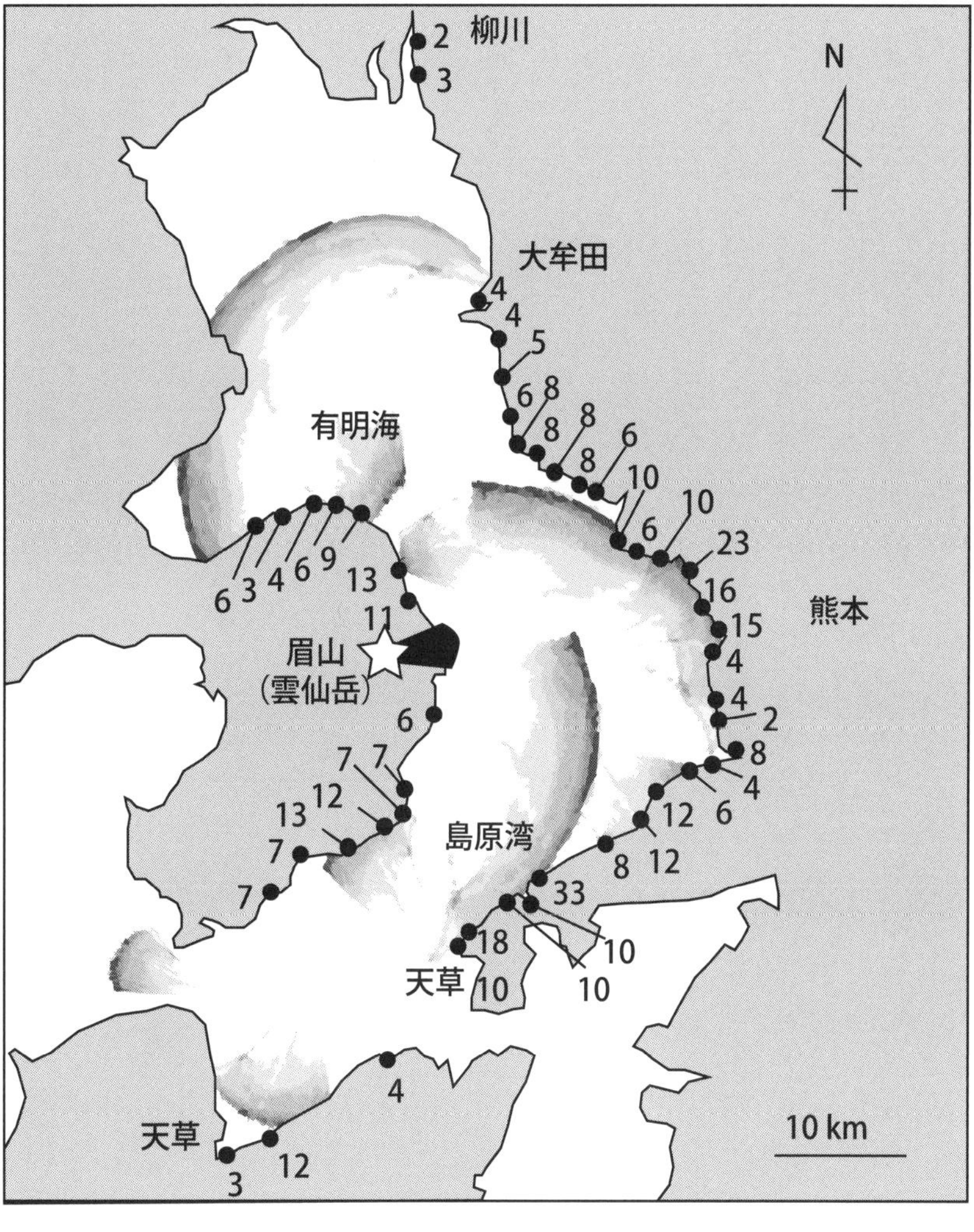

図4－6　日本史上最大の火山災害、島原大変肥後迷惑
数字は津波の遡上高（メートル）

量は130立方キロメートルを超え、火山が密集する九州でも有数の大型火山である。この活火山は有史以来も活発に活動してきた。1991年には普賢岳平成溶岩ドームの成長が始まり、6月3日にはこのドームの崩壊がきっかけとなって、火砕流が発生した（図4－7の平成火砕流）。時速80キロメートルにも達して流下した高温の火砕流は、警戒中の消防団員や調査中の火山学者など43名の命を奪った。

しかし雲仙岳は、過去にはさらに激甚な災害を引き起こしていた。寛政4年（1792年）5月21日に、死者1万5000人という日本史上最大の火山災害「島原大変肥後迷惑《しまばらたいへんひごめいわく》」が起きた。山体崩壊とそれに伴う津波の発生が原因だった。

島原の乱の後、復興した島原だったが、寛政3年の秋から、雲仙岳周辺では地震が頻発し始めた。とくに島原半島西部では揺れが大きく、最大震度は6に達した。しかし年が代わると地震は減少し、1月下旬にはほぼ収束した。

しかし静穏もわずか10日余り、今度は普賢岳周辺で強烈な地震と鳴動が始まり、続いて普賢岳が噴煙を上げた。火山灰は島原半島一帯に降り積もったという。さらには、3月25日から1カ月にわたって溶岩の流出が続き、2キロメートル以上にわたって谷を埋め尽くした（図4－7の1792溶岩流）。また普賢岳の東麓付近では大量の火山ガスが噴出し、鳥や小動物がバタバタと倒れたという。

4月になると、再び群発地震が頻発するようになった。ただしその中心は普賢岳ではなく、眉《まゆ》

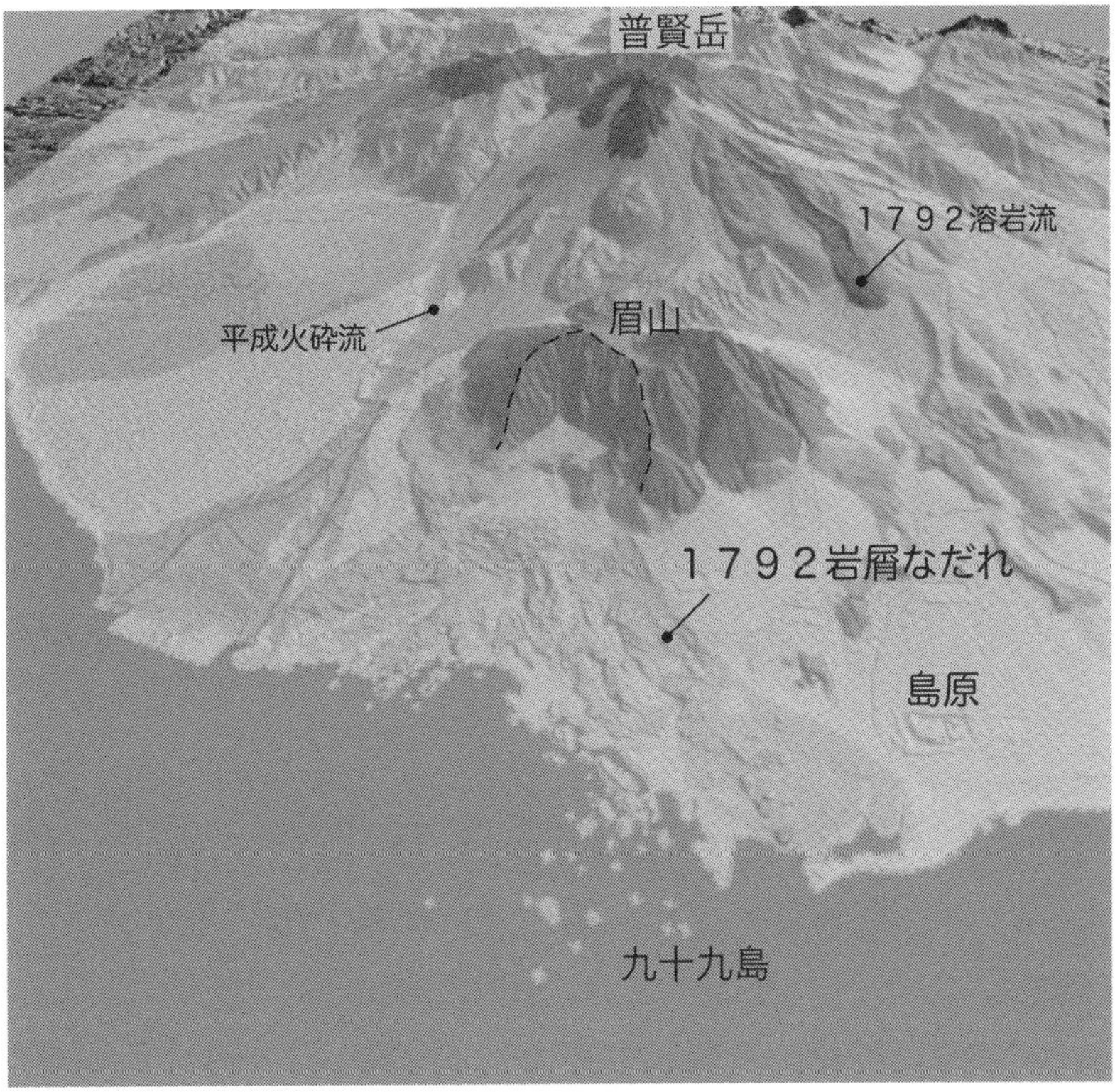

図４－７　雲仙岳火山の鳥瞰図
地質調査総合センターの3D地勢図を加工

山《やま》から島原へと移ったのである。島原城下での最大震度は6に達し、眉山では山鳴りが激しく、落石や崖の崩落が頻発した。山麓では地割れも数多く発生し、また水が噴き出したところもあったという。東麓の楠平《くすのきだいら》では9日になって湧き水が急増し、これがきっかけとなって地滑りが発生して、犠牲者も出た。しかしこれらも悲劇の序章に過ぎなかった。

5月21日20時過ぎ、二度の強烈な地震とともに眉山が大崩壊した。崩れた山体は「岩屑《がんせつ》なだれ」となって麓の村を乗り越え、有明海に突入した（図4－7）。その量は3億立方メートル以上、東京ドーム250個分だ。山体の一部は大きな塊となって流域に残り、「流れ山」を作った。現在の眉山南麓に点在する丘や、有明海に浮かぶ九十九島《つくもしま》は、このようにして散らばった眉山の「破片」である。

さらなる惨劇は続く。岩屑なだれが有明海に突入したために大津波が発生したのだ。この津波は、島原だけでなく対岸の肥後や天草をも飲み込んだ。前述したように「島原大変肥後迷惑」と呼ばれる所以《ゆえん》だ。さらに、対岸で反射した津波が再度島原を襲い、追い討ちをかけた。津波の遡上高《そじょうだか》は肥後側で15～20メートル、天草でも20メートルを超え、島原では60メートル近いという、驚くような記録もある（図4－6）。被害者は島原で5000人、肥後側で1万人と言われている。

この大地動乱の後も、眉山周辺の地震や湧水は続き、さらに7月には普賢岳が再噴火した。この噴火は水蒸気爆発だったようで、島原半島は大雪が降ったように白い火山灰で覆い尽くされたという。

災禍の元凶となった山体崩壊は、眉山が噴火して起きたものではない。この山体そのものが溶岩ドームとして誕生したもので、もともと崩落しやすい性質を持っていた。これに加えて、断続的に発生した地震や、普賢岳の噴火に伴う熱水活動の活発化によって、山体がきわめて脆弱《ぜいじゃく》になっていた。そして最終的には、直下型の強烈な地震が大崩壊を引き起こしたのだ。

火山災害は、何もマグマの活動が直接引き起こすとは限らない。火山体が、溶岩などでしっかりと固められていると思い込んではいけない。ガサガサの火砕物と呼ばれる層は崩れやすいし、火山活動に伴う熱水（温泉）やガスの影響で、硬い岩石も粘土化している部分も多い。だから、火山はいつの日か必ず「崩れ去る」と覚悟しておくことが大切だ。先にも述べたように、日本最高峰の霊峰富士も、けっして例外ではない。

村を飲み込んだ火砕流「浅間山天明噴火」

長野県と群馬県の県境に位置する標高2568メートルの浅間山《あさまやま》は、日本列島の中でも最も活動的な活火山のひとつだ。明治時代の観測開始以降だけでも、なんと2000回を超える噴火が記録されている。最近では2015年にごく小規模ではあったが噴煙を上げた。

浅間山が、わが国の災害史に名を残すのは、1783年の「天明噴火」である。

1108年（天仁元年）に大規模な噴火を起こして以来、浅間山は比較的静穏だったのだが、

16世紀に入ると爆発的な噴火を繰り返すようになった。1596年の噴火では、火山弾などの直撃を受けて多くの死者が出たほか、1721年にも同様の被害が出た。また1776年には、降灰により農作物が大きな被害を受けたようだ。

そして1783年（天明3年）5月8日昼前に、その噴火は始まった。轟音《ごうおん》とともに噴煙が空高くまで噴き上げられ、火山灰が主に東方向へと降り積もった。

その後1カ月ほど活動の記録は残っていないが、7月17日夜に大噴火が始まり、火口から北方に10キロメートル近く離れた嬬恋村鎌原《つまごいむらかんばら》や大前でも軽石が10センチメートルほど堆積した。7月25日に噴火の勢いが強くなり、断続的に高い噴煙柱を立ち上げ、主に火口の北東方向に軽石を降下させた。

降灰は江戸でも認められたという。8月4日の夕方から翌日の未明にかけて、噴火はクライマックスに達し、17時間にわたって大量の軽石や火山灰を東南東方向にもたらした（図4－8）。この「プリニー式噴火」の噴煙柱は高度約1万8000メートルにまで達した。

立ち上がった巨大な噴煙柱は、マグマや火山ガスの噴出スピードが低下してくると、柱を維持することができなくなり、崩壊して火砕流を発生させる（第2章参照）。天明噴火でもこの現象が起こり、主に北東山麓に向かって火砕流が繰り返し流下した。「吾妻《あづま》火砕流」だ（図4－8）。火砕流は山林を焼き払いながら、山頂から約8キロメートルの所にまで到達した。

このクライマックス噴火では、噴き上げたマグマの表面が冷えて固化した、火山岩塊などの大きな「火砕物」が火口周辺に落下した。内部はまだ高温である、これらの熱い岩塊が降り積もると、できたての餅のようにペチャペチャとくっついて「溶結」してしまう。

こうして成長した「火砕丘」が、現在の火口丘である釜山《かまやま》だ。釜山火砕丘の北側では、きわめて大量の火砕物が堆積したために、溶結した高温の火砕物が再流動を始め、溶岩流となって前掛《まえかけ》火山の北斜面を流れ下ったのだ。これが「鬼押出溶岩《おにおしだし》」だ（図4－8）。観光地として有名な「鬼押出し園」に立つと、この溶岩流が前掛山から流れ下ってきたことを実感できるに違いない。

8月5日には、この鬼押出溶岩は当時の浅間山の北側山腹に存在していた「柳井沼」へ流入し、完全に覆い尽くしてしまった。この時に、高温の溶岩流が水と接したことで、マグマ水蒸気爆発が起きたようだ。この爆発音は遠く京都まで聞こえたという。この爆発で吹き飛んだ岩塊は、粉々に破砕された岩片や水蒸気と一緒になって火砕流が発生した。「鎌原《かんばら》火砕流」である。この火砕流が流れ下るあたりには、火山体を作っていた比較的脆弱な火砕物が分布していた。火砕流はこれらの岩石や土砂を削り込みながら流れ下ったために、岩屑《がんせつ》なだれも同時に発生したのだ。

鎌原火砕流・岩屑なだれは、10キロメートル以上離れた山麓の鎌原村を襲って、一瞬にして高台の神社を除いて村全体を埋めつくし、さらに吾妻川《あがつまがわ》の渓谷に滝のように流れ込んだと言われている（図4－8）。鎌原村では466名が犠牲となった。

さらに、吾妻川に流れ込んだ土石は熱泥流《ねつでいりゅう》となり、さらに利根川に流入して、下流一帯に大きな洪水被害をもたらした（図4－8）。この泥流は4日後の8月9日には千葉県の銚子に到達し

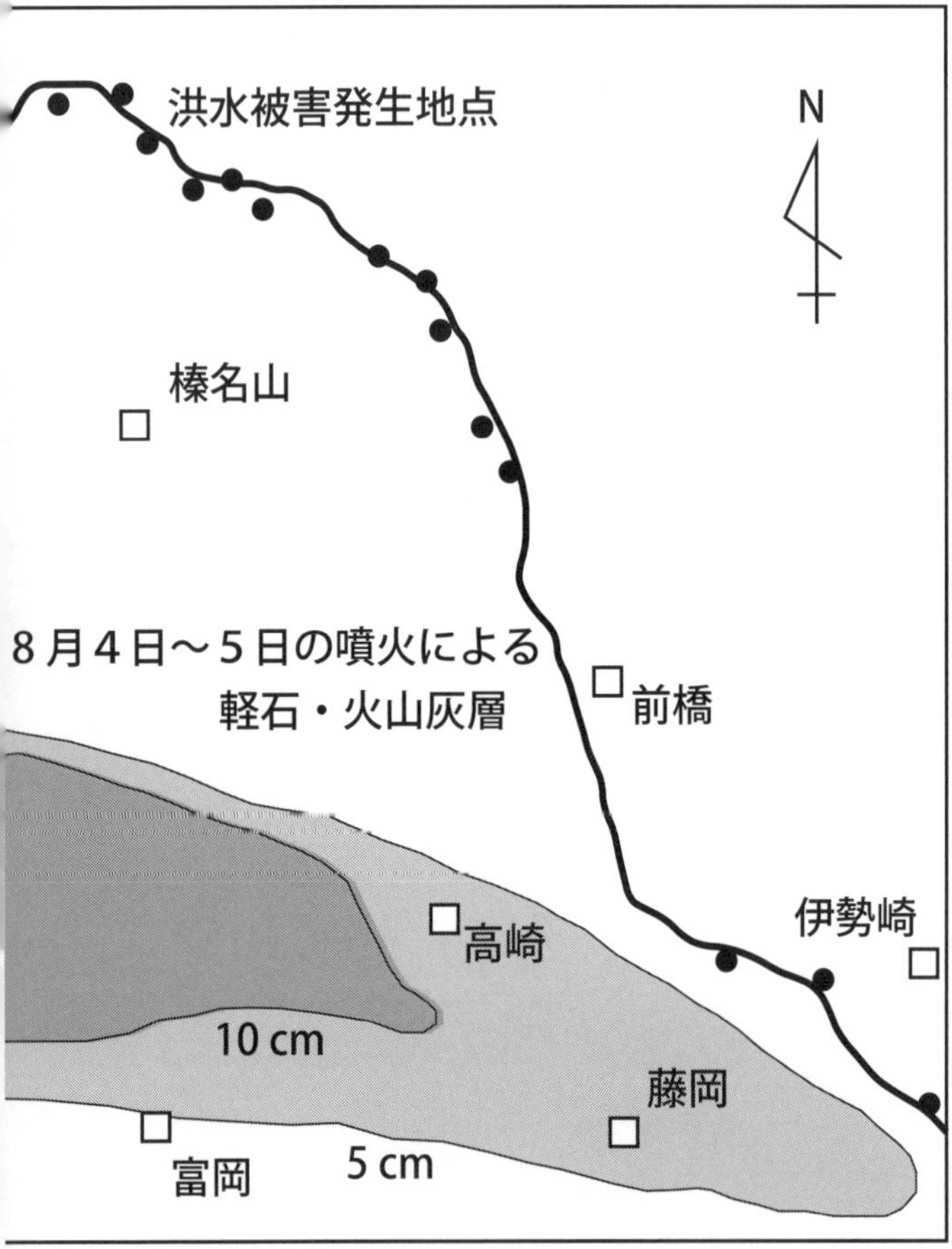
洪水被害発生地点
N
榛名山
8月4日～5日の噴火による
軽石・火山灰層
前橋
伊勢崎
高崎
10 cm
藤岡
富岡
5 cm

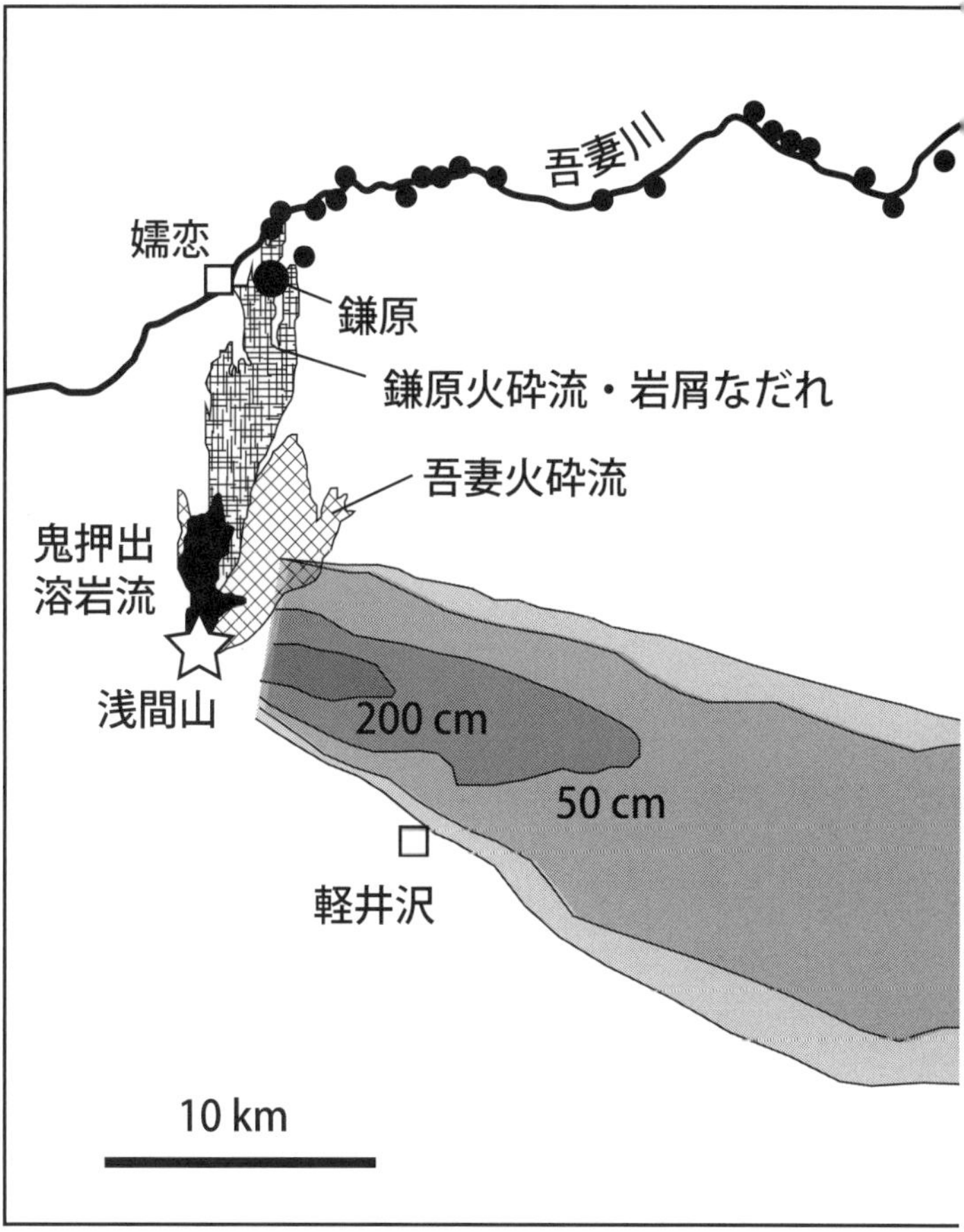

図４－８　浅間山天明噴火

て、太平洋に流れ出たのである。

この浅間山天明噴火は、火砕流や岩屑なだれ、それに泥流による直接的な被害にとどまらず、噴火による日射量の減少で冷害が発生し、東北や関東地方で農作物に壊滅的な被害を及ぼした。

これが引き金となって、そしておそらくアイスランド・ラキガル火山の大噴火による「火山の冬」の影響もあって、近世日本で最大の「天明の大飢饉」が発生したのだ。一説によると、この大飢饉による死亡者は数十万人にも及ぶという。当時の日本の人口が約3000万人という推定に基づけば、日本人の約1パーセントが餓死したことになる。

融雪型火山泥流の脅威「十勝岳噴火」

火山噴火では高温のマグマやガス、またはそれらによって加熱された水蒸気が噴出するために、噴火地点近傍に氷雪が存在した場合には、これらが融けて泥流を発生する危険性がある。このような融雪型《ゆうせつがた》火山泥流《かざんでいりゅう》の最近の例としては、コロンビアのネバドデルイス火山で1985年の水蒸気爆発に伴って発生したものがある。

この火山は赤道直下に位置するのだが、5000メートルを超す標高のために、山頂付近は一年を通して冠雪がある。そのために以前の噴火でもたびたび融雪型火山泥流を起こしてきた。1985年の噴火では、火山の東側斜面を時速数十キロメートルの融雪型火山泥流が襲い、麓のアルメロの街では、人口の4分の3にあたる2万人以上が犠牲となった。

この世界最大規模の火山災害のひとつに数えられる悲劇の教訓は、泥流に襲われたアルメロは、140年前の1845年に起きた大規模泥流の堆積物の上にできた街であったことだろう。コロンビア政府はハザードマップを作成して公表していたのだが、地方自治体や関係諸機関、それに住民もまったく関心を持っていなかったのだ。

さて、この融雪型火山泥流は、当然世界でも稀に見る豪雪地帯である日本列島でも起こりえる。いや、実際に起こってきた。1926年5月の北海道十勝岳《とかちだけ》噴火では、融雪型火山泥流が富良野《ふらの》川《がわ》に流入し、山頂から25キロメートル以上の富良野町（当時）まで達し、146名の死亡者が出たのだ。

十勝岳は1887年の小噴火以降は比較的静穏で、火口付近には火口湖が水を湛《たた》えていたが、1923年頃から活動が顕著になった。大正に入って間もなく、十勝岳の中央火口丘周辺では硫《い》黄《おう》の採取が行われていたが、1923年の6月には火山ガスが高温になったために、中央火口丘の南側にある湯沼に「溶融硫黄」の沼が出現した。また、丸谷《まるたに》温泉では泉温が上昇して湧出量も増加した。

さらに、同年8月には、湯沼で溶融硫黄が7～8メートルも噴き上がった。そして1925年終わり頃から小爆発・鳴動が繰り返し起こり、活動はさらに活発化していった。そして噴火直前には、高温熱水系は少なくとも深さ100メートルまで成長していたらしい（図4－9a）。

1926年5月24日正午過ぎ、ついに一回目の爆発が起きた。この爆発時にも小規模な融雪型泥流が発生したが、それほど大規模ではなかったために被害は限定的であった。

同日16時17分、この日2度目の噴火が起きた。この時には大規模な水蒸気爆発によって中央火口の西側が崩壊したのだ（図4－9b）。山体崩壊で発生した岩屑《がんせつ》なだれは山腹の残雪を削り込み、あるいは覆うように流下していった。

しかし、上澤真平《うえさわしんぺい》さんらによる、周辺に分布する堆積物の地質学的検討によると、この時の岩屑なだれが融雪型火山泥流の直接の原因ではなかったようだ。当時の目撃証言でも「(岩屑なだれを起こした最初の噴火に引き続いて2回目の爆発が起き）黒茶色の煙がたち、あたかも火が煙とともに山を下ってくるように見えた。間もなく茶褐色のものが流れてきた。これは白煙を上げていた」とある。

この証言は、地質調査の結果とも一致している。すなわち、岩屑なだれに引き続いて2度目の水蒸気爆発が起こり、それに伴って「火砕サージ」が発生したのだ（図4－9c）。とくに水蒸気成分が多かったことが予想されるこのサージは「熱水サージ」と呼ぶのが適切で、高温かつ流動性に富んでいた。そのために、岩屑なだれ堆積物を削り込んで、さらに流下して、残雪を融かして泥流を発生させたものと考えられる。この泥流が、富良野町で多くの犠牲者を出したのだ。

縄文時代の超巨大噴火と『古事記』の記述

この章の最後に、縄文時代に九州南部で起きた超巨大噴火と、その災害について記しておこう。

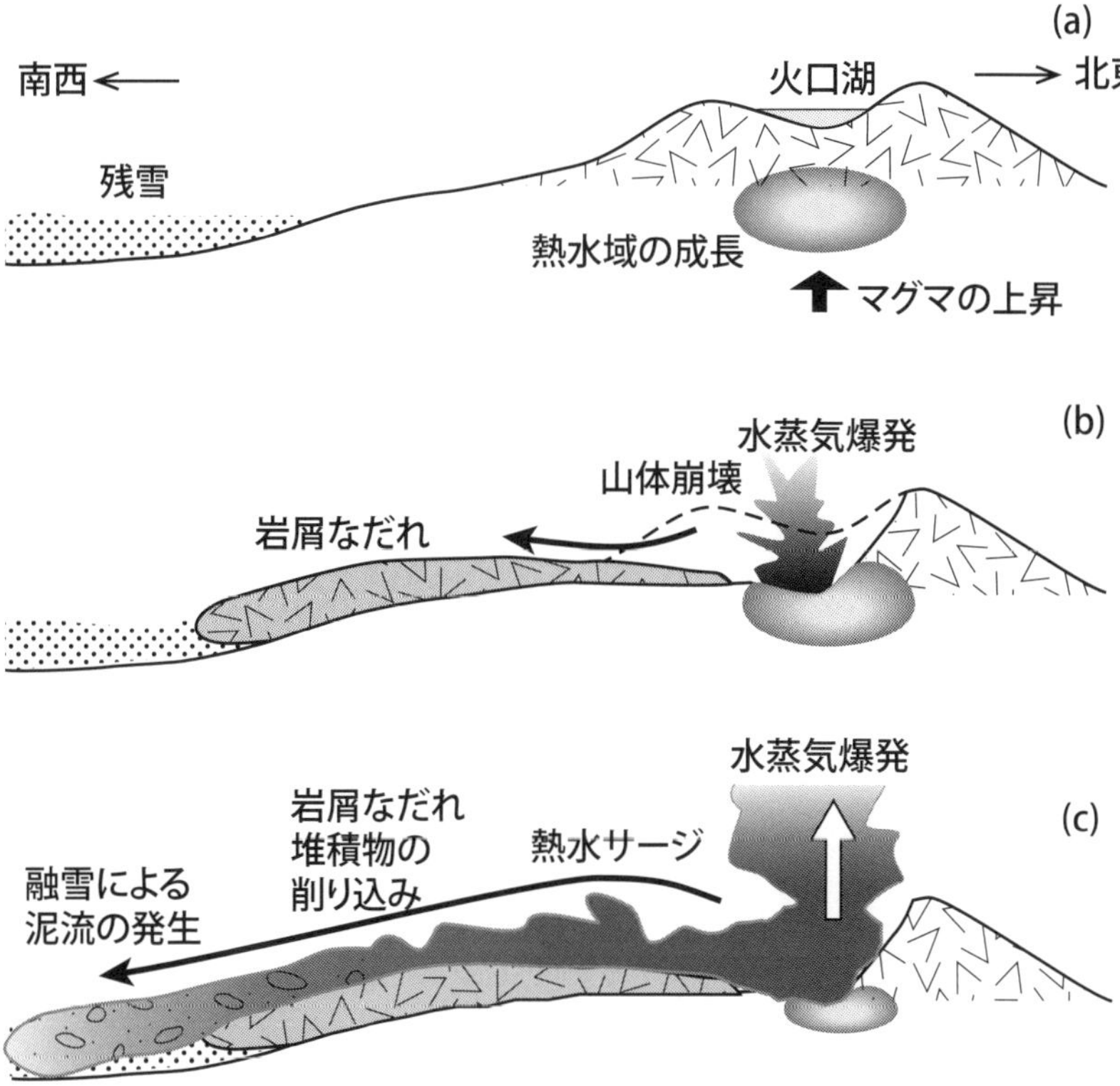

図４−９　十勝岳大正泥流の発生メカニズム

もちろんこの災害に関する文書記録は残されていない。一方でまだまだ学界で認められたわけではなさそうなのだが、この噴火が日本神話、中でも『古事記』の記述やストーリーと整合的であるとする魅力的な説が、蒲池《かまち》明宏《あきひろ》氏によって展開されている。

この説の背景を理解していただくために、まずはごく簡単に、『古事記』上巻の中で火山噴火に関係する部分をまとめておくことにしよう。

神々が生まれ暮らすようになる高天原《たかまがはら》に、まず「別天津神《ことあまつかみ》」と呼ばれる元祖的な神々が現れ、続いて5組10柱《はしら》の男女ペアーの神々が生まれた。最後に生まれたのがイザナギとイザナミであり、二人が「天沼矛《あめのぬぼこ》」で混沌とした海をかき回して持ち上げると、矛から滴《したた》り落ちた雫《しずく》が島々となり、日本列島が作られた。イザナギとイザナミは、山や川などのいろいろな神を生み出したが、最後の火の神カグツチを出産した際にイザナミは焼け死んでしまった。

イザナミのことが忘れられないイザナギは、死者の世界である黄泉《よみ》の国へと会いに行ったが、醜い姿を見せたくないイザナミに追い返されてしまう。失意のイザナギは穢《けが》れを落とす儀式を行ったが、その際に左目からアマテラス、鼻からスサノオが生まれた。イザナギはスサノオに海を治めるよう命じたが、スサノオは母のいる黄泉の国へ行きたいと言って聞かない。ついにイザナギはスサノオを追放することにした。

スサノオは最後の別れにと、姉のアマテラスに会いに高天原へ行くが、火山や地震の神でもあるスサノオが高天原に入ると、さまざまな異変が起きた。アマテラスはスサノオが侵略してきたと勘違いして、戦闘態勢に入ったのだが、一方のスサノオは身の潔白を主張し、子供を作ることでそれを証明しようとした。はたして2人の間には男女の神が産まれたのだった。

これに気をよくしたスサノオは、本来の暴れ者の本性を出し、高天原で好き勝手な愚行を繰り返した。これに怒った太陽神アマテラスは、「天岩戸《あまのいわと》」に引きこもってしまったのである。高天原から光が消え、地上も真っ暗になってしまった。闇夜が続き、さまざまな災いも起きるようになって困り果てた神たちは、相談を重ねて、アメノウズメのセクシーダンスなどの大宴会を行い、アマテラスの気を引こうとした。はたしてアマテラスが外の気配を不思議がって、天岩戸を少し開けて覗き見た瞬間に、神々によって引き出されて、世の中に光が戻ったのであった。

スサノオはこの騒動の責任を問われて高天原を追放され、出雲《いずも》の国へ降り立った。そしてヤマタノオロチを退治して助けたクシナダヒメと結婚し、出雲で余生を送った。因幡《いなば》の白兎《しろうさぎ》で有名なオオクニヌシはスサノオの子孫にあたる。

詳しくは他の書籍などをご覧いただきたいが、大筋はこんなところである。

ここで最も注意を払いたいのは天岩戸神話であるのだが、その前にもう一度、日本列島形成と火山活動に関する記述について少し触れておこう。イザナギとイザナミによる国産《くにう》みは、洋の東西を問わず、新たな社会秩序の成立を、天誅としての大洪水を持ち出すことが多いのとは、大きな違いがある。最近では西之島で現実化しているように、古来日本人は、海底火山の活動により、新たな大地が誕生することを認識していたのであろう。

そもそも地球に存在する大陸は、大洋の真ん中にある「沈み込み帯」(例えば伊豆小笠原諸島)のマグマ活動によって誕生するものなのだ。私はこの自説を、「海の中で陸が誕生する」と表現するが、二柱神《ふたはしらのかみ》の国産みはまさにこの地球の営み、そして日本の誕生を語るものなのである。

神話で読み解く噴火の過程

もう一点注目すべきことは、カグツチの誕生とイザナミの死に関してである。カグとは「燿《かが》やく」こと、つまり火に通じる語であり、火の神カグツチの出産によって、イザナミの「みほと」は焼けただれる。みほとのホトは、熱《ほとぼ》りであり、女陰や山の窪地(火口)を表す語だ。大火傷《おおやけど》に苦しむイザナミは、嘔吐物《おうとぶつ》、大便、尿を垂れ流し、遂に死んでしまった。火の神の出産が火山活動を、「ほと」がその火口を表すことは明らかであろう。

桜井貴子氏は、これら一連の記述が2200年前の九州由布岳《ゆふだけ》の一連の噴火、つまり溶岩ドームの形成(カグツチの誕生)、火砕流・火山弾・溶岩流・熱水の放出(イザナミの嘔吐物《おうとぶつ》・排泄物《はいせつぶつ》)、大規模な山体崩壊(イザナミの死)に対応すると言う。

さて、それでは「天岩戸神話」について考えることにしよう。太陽神アマテラスが洞穴に隠れ、常夜《とこよ》が続く。この常夜の原因として、これまで神話研究者の間では三つの説が示されてきた。まず「冬至説《とうじせつ》」である。確かに冬になって衰えたように感じられる太陽の復活を願って行われる冬至の祭りは、世界各地に存在する。しかし、一日中太陽が顔を出さない「極夜《きょくや》」は緯度が66・6

度より高い極域に限られ、日本では一部の豪雪地帯を除いて、冬季は比較的晴れの日が多い。

　また多くの研究者が唱えたのが、「日食説」である。日食とは地球の周りを公転する月が、太陽と地球の間に入り、月の影が地球に落ちる、すなわち太陽が月によって見えなくなる現象だ。とくに皆既《かいき》日食では、完全に太陽が月に隠れてしまうために、日中でも闇に包まれる。世を照らし生命の根源である太陽が欠ける、または消滅する日食を、人々が凶事として捉えるのは自然であろう。だからこそ、世界中の多くの神話で取り上げられているのだ。

　一方で、天岩戸神話の日食説には批判的な意見も多い。その中でも最も論理的に批判を展開したのは、夏目漱石門下の随筆家として知られ、超一流の地球物理学者でもあった寺田寅彦だ。日食のように長くても10分程度の短時間の暗黒状態では、神々がアマテラスを洞窟から引き出すためにさまざまな方策を講じるようなストーリーは生まれないというのだ。むしろ、火山噴火による噴煙や火山灰で、長時間太陽光が遮られたと考えた方が合理的であるとした。また彼は、著書『神話と地球物理学』の中で、スサノオが火山の表象《ひょうしょう》であると述べている。これらの部分を以下に引用しておこう。


速須佐之男命《はやすさのおのみこと》に関する記事の中には火山現象を如実に連想させるものがはなはだ多い。たとえば「その泣きたもうさまは、青山を枯山《からやま》なす泣き枯らし、河海《うみかわ》はことごとに泣き乾《ほ》しき」というのは、何より適切に噴火のために草木が枯死し河海《うみかわ》が降灰のために埋められることを連想させる。噴火を地神の慟哭《どうこく》と見るのは適切な譬喩《ひゆ》であると言わなければなるまい。「すなわち天《あめ》にまい上ります時に、山川ことごとに動《とよ》み、国土皆震《くにつちみなゆ》りき」とあるのも、普通の地震よりもむしろ特に火山性地震を思わせる。「勝ちさびに天照大御神《あまてらすおおみかみ》の営田《みつくだ》の畔《あ》離《はな》ち溝埋《みぞう》め、また大嘗《おおにえ》をきこしめす殿に屎《くそ》まり散らしき」というのも噴火による降砂降灰の災害を暗示するようにも見られる。「その服屋《はたや》の頂《むね》をうがちて、天《あま》の斑馬《ふちこま》を逆剝《さかは》ぎに剝ぎて堕《おと》し入るる時にうんぬん」というのでも、火口から噴出された石塊が屋をうがって人を殺したということを暗示する。「すなわち高天原皆暗く、葦原中国《あしはらのなかつくに》ことごとに闇《くら》し」というのも、噴煙降灰による天地晦冥《かいめい》の状を思わせる。「ここに万《よろず》の神の声《おとない》は、狭《さ》蝿《ばえ》なす皆涌《わ》き」は火山鳴動の物すごい心持ちの形容にふさわしい。これらの記事を日蝕《にっしょく》に比べる説もあったようであるが、日蝕のごとき短時間の暗黒状態としては、ここに引用した以外のいろいろな記事が調和しない。神々が鏡や玉を作ったりしてあらゆる方策を講じるという顚末《てんまつ》を叙した記事は、ともかくも、相当な長い時間の経過を暗示するからである。

南九州縄文文化を破壊した「鬼界アカホヤ噴火」

寅彦の後にも、レーニンとともにロシア革命に参加し、その後日本に亡命して早稲田大学に籍を置いたワノフスキーが、著書『火山と太陽：古事記神話の新解釈』の中で、岩戸隠れが火山噴火を示すと唱えた。しかし、これらのいわば『古事記』研究の「アマチュア」説は、プロの間ではまったく評価されず、ほぼ黙殺されてきた。

こんな状況で、果敢に火山噴火説を展開したのが蒲池明宏氏だ。しかも彼は、海を治めるように父親から命じられたが、承服できずに泣き叫んで大暴れしたスサノオの振る舞いを、海底巨大火山「鬼界カルデラ」の噴火に当たると推測したのだ。いったい、この巨大噴火とはどんなものだったのだろうか？

その噴火は今から７３００年前、縄文時代に九州南方海域で起きた（図４－10）。一連の噴火は、40キロメートルを超える巨大な噴煙柱を立ち上げるプリニー式噴火で始まった。この時に噴出した軽石の層は、大隅半島では1メートル近くに達した。さらにその後、噴煙柱崩壊によって発生した火砕流が海上を走り、大隅半島・薩摩半島に達した。現存する火砕流堆積物は、鬼界カルデラから80キロメートルまで分布している（図４－10）。噴煙柱や火砕流からは火山灰が偏西風に乗って広域に飛散し、なんと東北地方にまで達したのだ（図４－10）。

この火山灰は、特徴的なオレンジ色を呈し、「アカホヤ」火山灰と呼ばれている。ホヤとは宮崎の方言で、役に立たないものを意味するという。鬼界カルデラからアカホヤ火山灰を噴き上げた噴火ということで、この噴火は「鬼界アカホヤ噴火」と呼ばれている。

噴き上げたマグマの総量は５００立方キロメートル、瀬戸内海の半分以上を埋め尽くすほどの量だった。これほどのマグマが一気に放出されたために、地下には大きな空洞ができて、それが陥没して24×19キロメートル（長径と短径）のカルデラを作った（図４－11）。海底が大陥没し

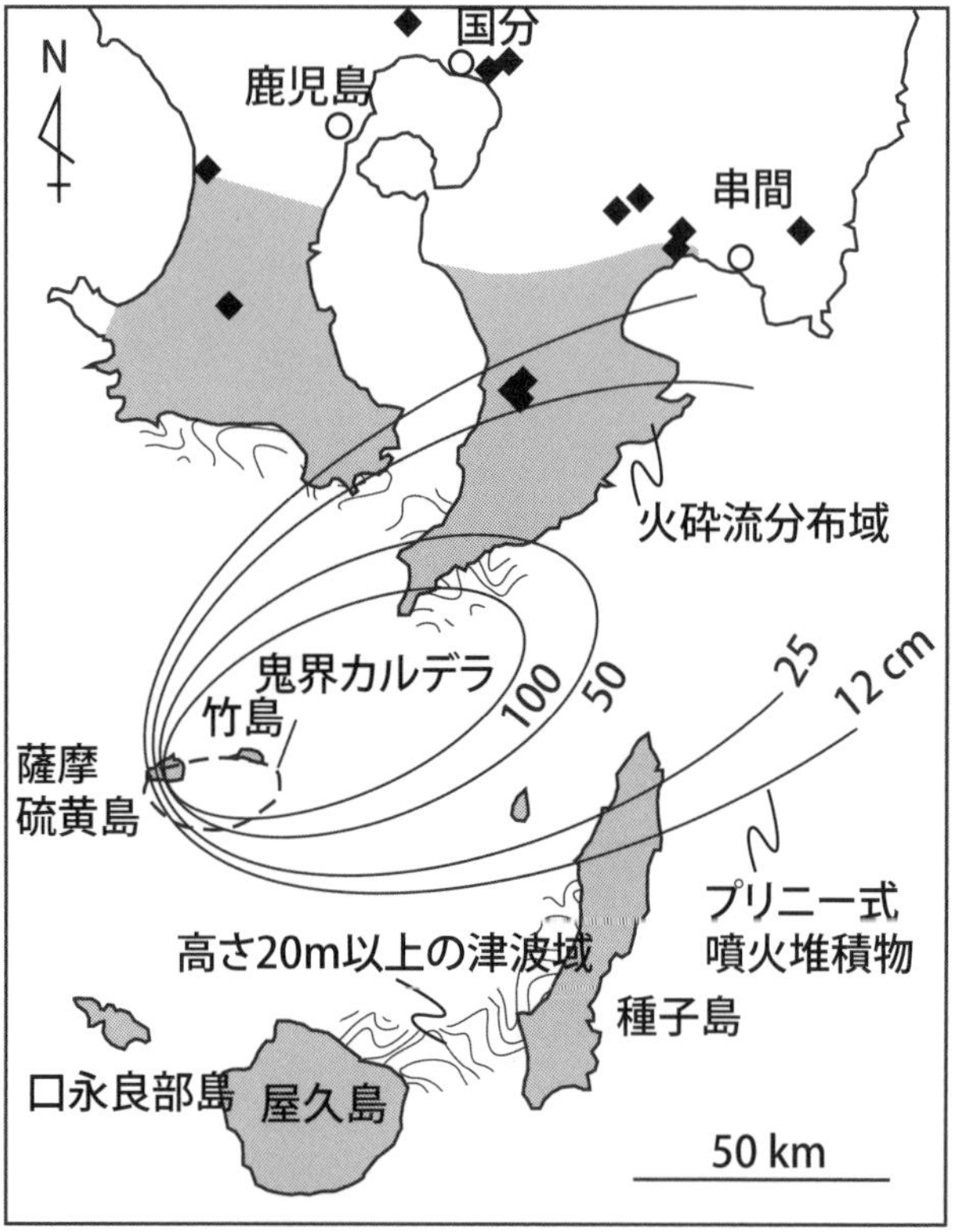
N
国分
鹿児島
串間
火砕流分布域
鬼界カルデラ
100
50
25
12 cm
竹島
薩摩
硫黄島
プリニー式
噴火堆積物
高さ20m以上の津波域
種子島
口永良部島
屋久島
50 km

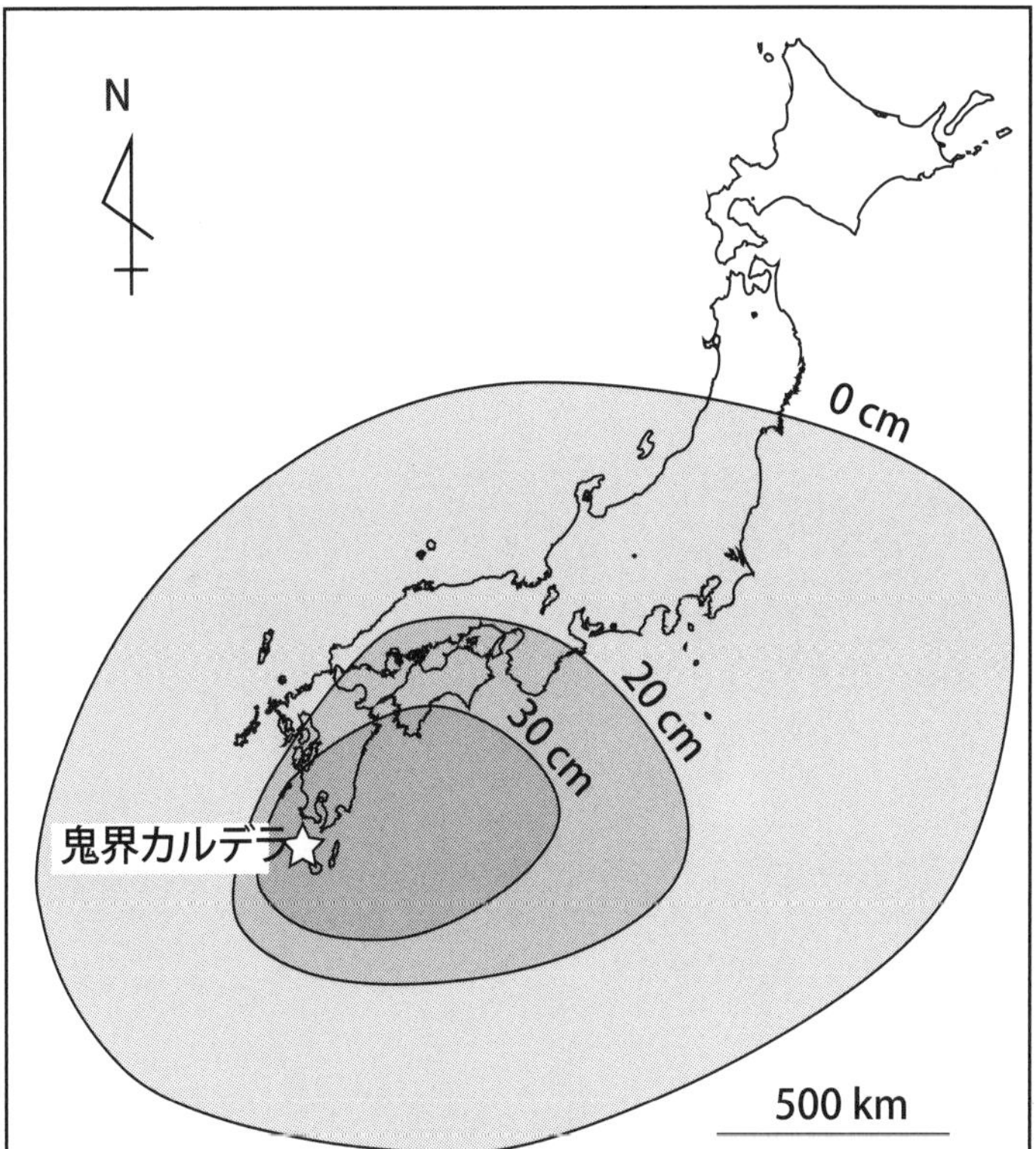

図４－10　7300年前の鬼界カルデラ超巨大噴火。黒四角は当時の遺跡

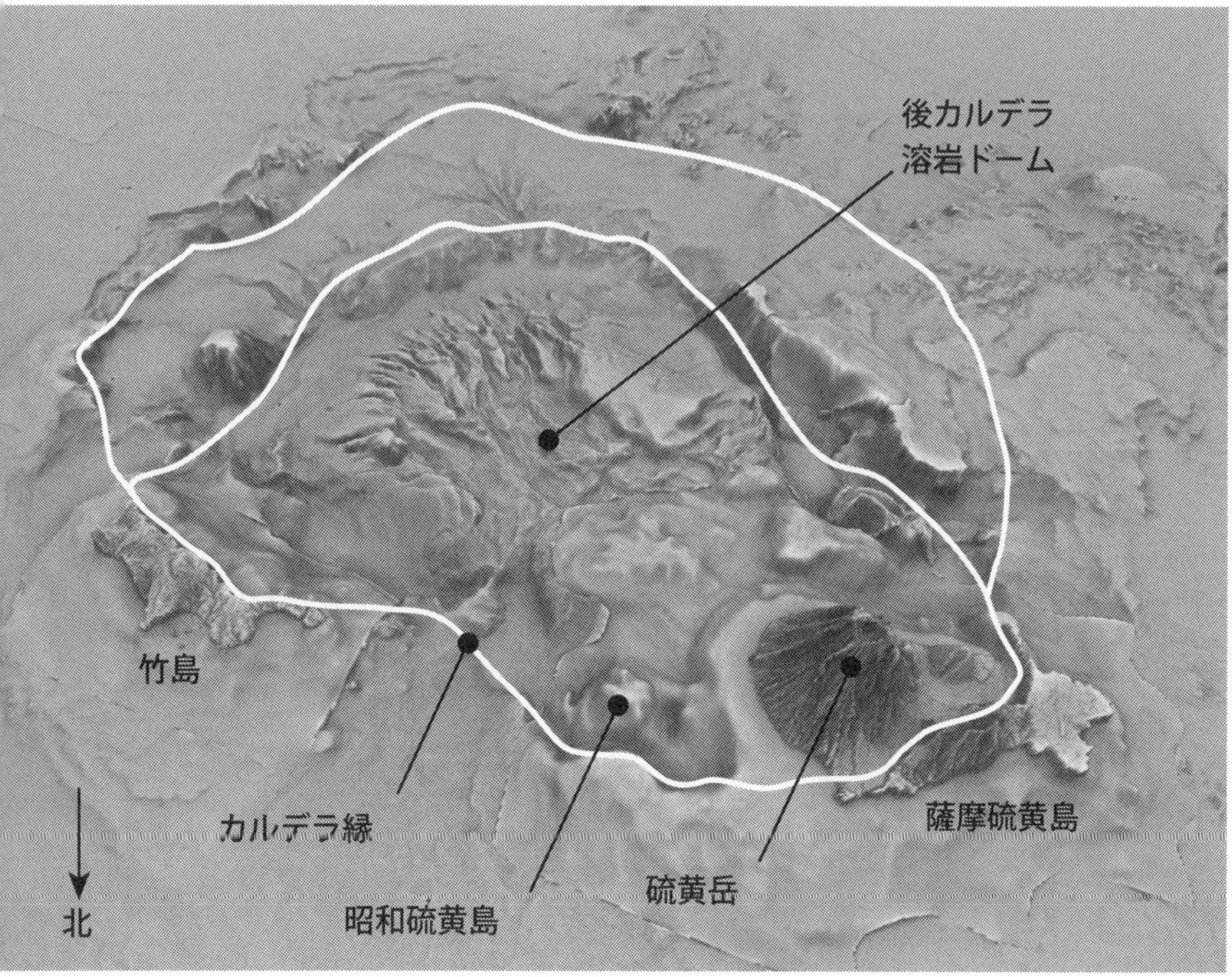

図４－11　海底の陥没で作られたカルデラ
神戸大学の調査結果に基づく

たために巨大津波が発生し、その高さは20メートルを超えた所もある（図４－10)。

当時の南九州では、進んだ土器や装飾品を用いる先進的な縄文文化が栄えていた。南九州には当時の遺跡が点々と分布している（図４－10)。これらの発掘調査から、鬼界アカホヤ噴火によって縄文人は壊滅的な打撃を受けたことがわかっている。

当然火砕流に襲われた集落は焼き尽くされただろうし、そうでなくとも30～40センチメートルも火山灰が降り積もったために、鹿やイノシシ、それにどんぐりなどを育《はぐく》んだ豊かな森は消滅し、さらに雨で流された火山灰が内湾を埋め尽くして、貝類が生育できなくなってしまった。南九州では鬼界アカホヤ噴火以降数百年間は、超巨大噴火の影響で人々が暮らすことができない不毛地帯となったのだ。

この当時の日本の人口は10万人に満たなかったとされている。その千倍以上の人が暮らす現代日本で、このような巨大噴火が起きれば大惨事となることは間違いない。最後の章では、この破局的な災害について考えてみることにしよう。

第5章　火山列島に暮らす危険値

火山噴火の驚くべきエネルギーを表す「噴火マグニチュード」

この国は世界一の火山大国であるがゆえに、これまで多くの火山災害に見舞われてきた。しかし、私たちが災害として認識しているのは、神話の世界を除けば、たかだか有史以来、すなわち2000年ほどの間に起きたものだ。一方で地球の営みははるかに長い。例えば、現在の日本列島で地震や火山活動を起こしているプレートの運動様式がセットされたのは、今から300万年前のことだ（第3章参照）。それまでほぼ真北へと動いていたフィリピン海プレートの東の端が太平洋プレートとぶつかり、そのために仕方なく北西方向へと向きを変えたのだ。

この大事件によって、日本海溝では劇的にひずみが溜るようになり、3・11などの海溝型巨大地震が頻発するようになった。また西日本でも、斜めに沈み込むフィリピン海プレートの動きのせいで、とくに瀬戸内海域で変形が進むようになり、阪神淡路大震災や大阪府北部地震の元凶となった断層系が活動的になったのだ。

ということは、日本列島で過去300万年間に起きてきた「天変地異」は、これからも必ず起きることになる。だから、たかだか2000年という短いスケールで列島の変動を眺めていてはいけないのだ。では有史以来、まだ私たち日本人が経験していない「超巨大災害」とはなんだろうか？　それこそが「巨大カルデラ噴火」である。

大地を揺さぶり津波を引き起こす地震のエネルギーは凄まじいものだ。3・11のようなマグニチュード（M）9クラスの超巨大地震のエネルギーは、日本の年間総発電量に匹敵する。これほどの膨大なエネルギーが一気に放出されるのだから、大変である。一方で、私たちはもっと巨大なエネルギーを内在する現象に、毎年のように悩まされている。それが「台風」だ。台風は多量の雨をもたらすが、この雨粒は台風の中で水蒸気が水に変化することで作られる。その際に膨大な潜熱が放出されることになる。つまり、台風は膨大な熱エネルギーの塊なのだ。大型台風ともなると、超巨大地震30個分ものエネルギーを内在している。

では、火山噴火のエネルギーはどうだろうか？

火山噴火のエネルギーの大部分は、高温のマグマが持つ熱エネルギーだ。だから、噴出直前のマグマの温度と、その噴《ふ》き上げた総量がわかれば、エネルギーをおおよそ見積もることができる。計算してみると、日本史上最大クラスの噴火である桜島大正噴火や富士山宝永・貞観噴火は、Ｍ９クラスの超巨大地震のエネルギーに匹敵することがわかる。

このように、火山噴火のエネルギーを決定する重要な要素が噴出量だ。したがって、噴火の規模を示す時も、「大爆発が起きた」とか「大規模な火砕流が起きた」などといった定性的な表現ではなく、もっと定量的な物差しを用いた方が良い。そこで用いられるのが、地震と同じようにエネルギーの指標となる「噴火マグニチュード（噴火Ｍ）」だ（表5－1）。

「噴火Ｍ」は、群馬大学・早川由紀夫さんが１９９３年に提唱した指標で、噴出物の総重量（キログラム）の対数から7を引いた値である。7を引くのは、他の噴火スケールとの整合性を保つためだ。そして噴火Ｍ４以上を大規模噴火、Ｍ６台を巨大噴火、それ以上のものを超巨大噴火と呼ぶ（表5－1）。この定義に従うと、例えば桜島大正噴火はM5・6、2013年の西之島や1990年の雲仙・普賢岳の噴火はM4・5程度の「大規模噴火」だ。ちなみに日本列島では、有史以来「巨大噴火」や「超巨大噴火」は起きていない。

ただし、火山噴火の規模が大きくなれば、必ず大災害になるわけではない。そもそも遠隔地の火山で何が起きようと、直接的な被害はない。また先にも示したように、噴火そのものはそれほど大規模ではなくとも、「島原大変肥後迷惑」のように、巨大災害につながる場合もある。富士山では噴火そのものよりもさらに甚大な被害が予想される山体崩壊は、火山活動とは関係なく、

年間発生確率（%）	30年発生確率（%）	100年発生確率（%）
3	61	96
0.04	1	4
0.009	0.3	0.9

噴火マグニチュード	噴出物総量（億トン）	マグマ噴出量（km^3）	名称	平均間隔誤差（年）
0	0.0001	0.000004	小規模噴火	
1	0.001	0.00004		
2	0.01	0.0004	中規模噴火	
3	0.1	0.004		
4	1	0.04	大規模噴火	32±39
5	10	0.4		
6	100	4	巨大噴火	2333±2304
7	1000	40	超巨大噴火	10964 ±13704
8	10000	400		
9	100000	4000		

噴火マグニチュードは噴出物総重量m（kg）を用いて、
M = log m -7と定義される

表５－１　噴火マグニチュードと噴火の発生確率

直下型地震が引き金となって発生してきた。

噴火のエネルギーが小さくても、甚大な被害を及ぼすことは事実であるが、それでも膨大なエネルギーを放出する大規模噴火や巨大噴火が、過去にどの程度起きてきたかを知ることは、今後私たちやその子々孫々が、この火山大国で暮らしてゆくには、欠かすことのできない情報であろう。

大規模噴火は数十年に一度起きるというのは本当か?

現時点では最も内容の整った、早川由紀夫さんのデータベースによると、日本列島では過去2000年間に少なくとも63回の大規模噴火が起きた。復習しておくと大規模噴火とは、噴火Mが4以上6未満、0・04から4立方キロメートルのマグマを噴き上げる噴火だ。東京ドームで測ると、おおよそ30杯から3000杯に相当する量だ。ドーム3000杯といってもちょっと想像しにくいが、黒部第四ダムの貯水量のおおよそ20倍といえば、少しはその巨大さが理解していただけるだろうか?

過去2000年間にこのような大規模噴火を起こした火山は28。合計63回の大規模噴火が28の火山で起きたのだから、この間に大規模噴火を何度も繰り返している火山があるということだ。例えば伊豆大島は10回以上、桜島は4回、浅間山は3回も大規模噴火を起こしている暴れん坊だ。

日本史上最大規模の噴火である桜島大正噴火、富士山宝永・貞観噴火などでは多量の溶岩流が山腹を流れ下ったが、平安時代９１５年の十和田火山の大規模噴火では、中湖カルデラ内でマグマ水蒸気爆発を繰り返した後、最終ステージで立ち上がった噴煙柱が崩壊して火砕流が発生し、外輪山を越えて溢れ出し、谷沿いに流れ下った。同時に火山灰は主に南方向へと運ばれ、ほぼ東北地方全域を覆った。

これほどの噴火が現代日本で起きれば、溶岩流や降灰、それに火砕流の影響で激甚災害となることは間違いない。現在ではこれらの火山についてはハザードマップが整備されつつあるので、近隣住民や登山者の皆さんは、最悪の事態を想定して行動していただきたい。

では、これらの大規模噴火が起きる可能性はどれくらいあるのだろうか？　これをきちんと示さないと、どの程度の切迫感を持って備えてよいかもわからない。

２０００年間に63回なのだから、単純に割り算をすると32年に一度という頻度になる。最近よく気象庁が大雨に対して「特別警報」を出す判断基準「数十年に一度の大雨」というのとほぼ同じような割合だ。

しかし火山噴火の場合、この32年という数字を「周期」と捉えてはいけない。例を挙げると、２０１３年に新島誕生で話題になった西之島の噴火は、間違いなく大規模噴火であった。だから、あと20年くらいは日本列島で大規模噴火が起きる心配をしなくてもよい、と判断するのは大きな間違いなのだ。まずわかりやすい理由を述べると、過去２０００年間の記録に基づいて求められた平均周期には、大きな誤差（幅）がつくということだ。その幅を入れて表すと32プラスマイナス39年となる（表5－1）。こんなに幅がある平均周期は、そもそも意味をなさない。

将来起きる大規模噴火の確率

二つ目の理由は少しややこしいのだが、頑張って理解していただきたい。２０００年間に63回の大規模噴火が起きた火山は28座。つまり、ここで割り算をして求めた平均周期は、ひとつの火山に対する噴火周期を表すわけではない。ある特定の火山については、地下深部からほぼ一定の割合でマグマが供給されて、マグマ溜りが満杯になると噴火する、というプロセスも成り立つ可能性はある。この場合には、「平均周期」は意味を持つかもしれない。

しかし、今ここで対象としている火山は、日本のあちこちにある火山なのだ。それぞれの火山は、お互いにまったく独立したマグマの発生・上昇・噴火のシステムを持っており、それらの活動は無関係かつランダムである。このような対象に対して、単純に平均周期を求めることは数学的に間違いなのだ。

一方で、政府が公表している「地震動予測」は断層の活動周期を基にしている。この場合は、個々の断層について調べた「活動周期」を用いているので、少なくとも数学的には間違っていない。もちろん、同じ割合で断層の周囲でひずみが蓄積するのか、ひずみがある閾値《いきち》になると地震が発生して断層がずれるのかは、まだ解けていない大問題である。

おわかりになっていただけただろうか？

ではどうすれば、その切迫度を表すことができるのだろうか？　それは最近地震の予測でもよく用いられるようになった「今後○○年以内に噴火する確率は△△パーセントです」という確率論的な表現だ。

日本列島の火山が噴火するというような、ある事象がまったく独立してランダムに起こる現象に対して、その発生確率を示すのが「ポアソン分布」である。このポアソン分布を用いた統計解析の有効性を示したのは、ドイツで活躍したロシア生まれの統計学者ボルトキーヴィッチだった。

彼は、各地の騎馬連隊で「馬に蹴られて死亡した兵士の数」がポアソン分布で表すことができることに気づいた。そしてこのことに基づいて、今後どれくらいの兵士が馬に蹴られて死亡するかを予測してみせたのである。もっと身近な災害や事故の例としては、飛行機事故や交通事故で死亡する確率はポアソン分布に従う。

さてそれでは、この正しい認識のもとで、改めて大規模噴火が将来起きる可能性を考えてみよう。これまでのデータに基づくと、その確率は表５－１のようになる。ここ1年以内に日本列島のどこかの火山で大規模噴火が起きる確率は約３％。30年では60％、そして１００年間では１００パーセントにきわめて近い確率で大規模噴火が起きるのだ。

巨大噴火の発生確率は阪神淡路大震災前日の地震発生確率と同じ

さて次は、大規模噴火よりも一桁大きい噴火、「巨大噴火」（表５－１）を調べてみよう。まっ

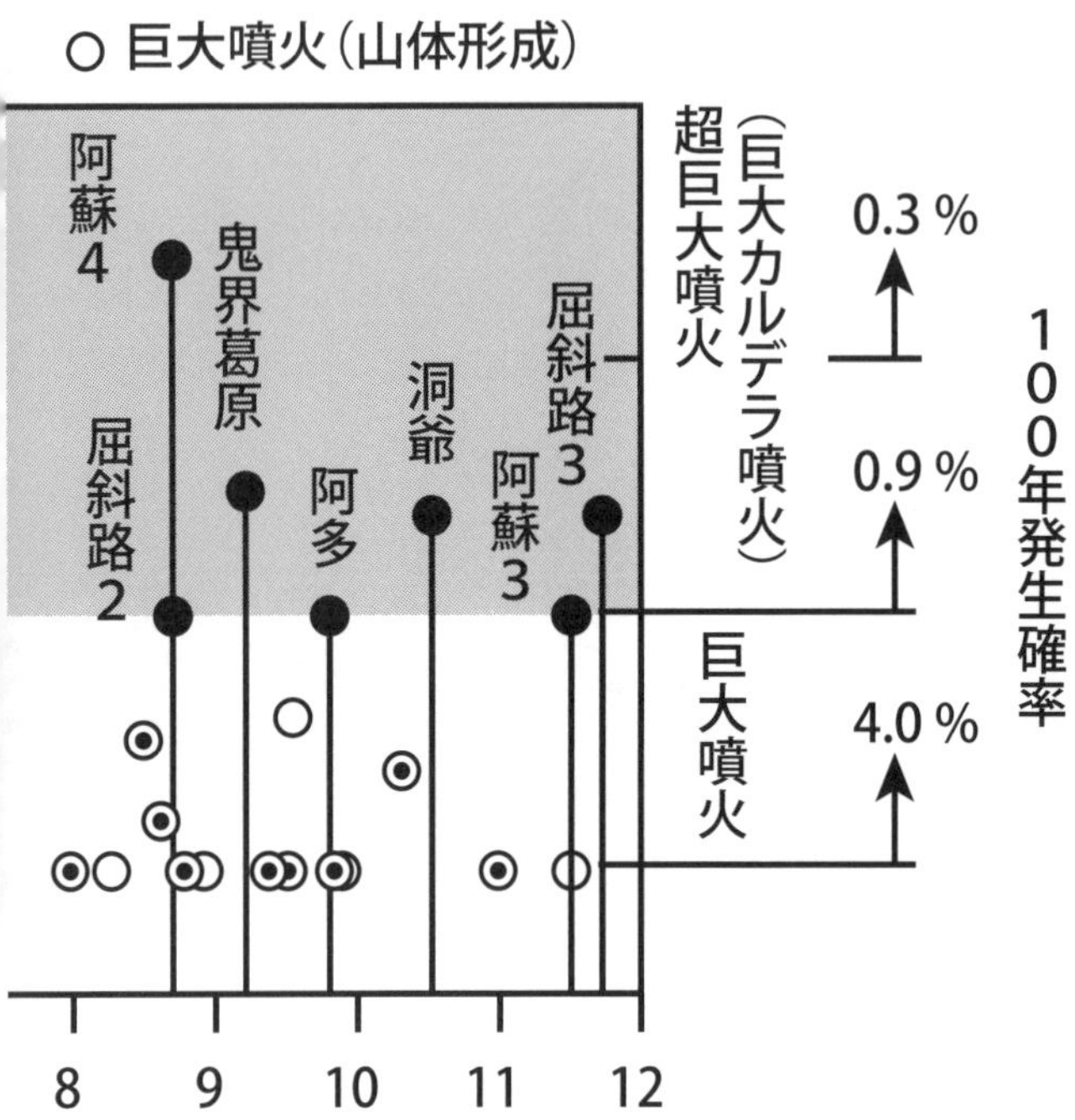

たく幸いにして、日本史上ではこのクラスの噴火は記録されていない。しかし何度も述べたように、日本列島周辺のプレート運動が現在の様式になったのが３００万年前。それ以降に起きてき

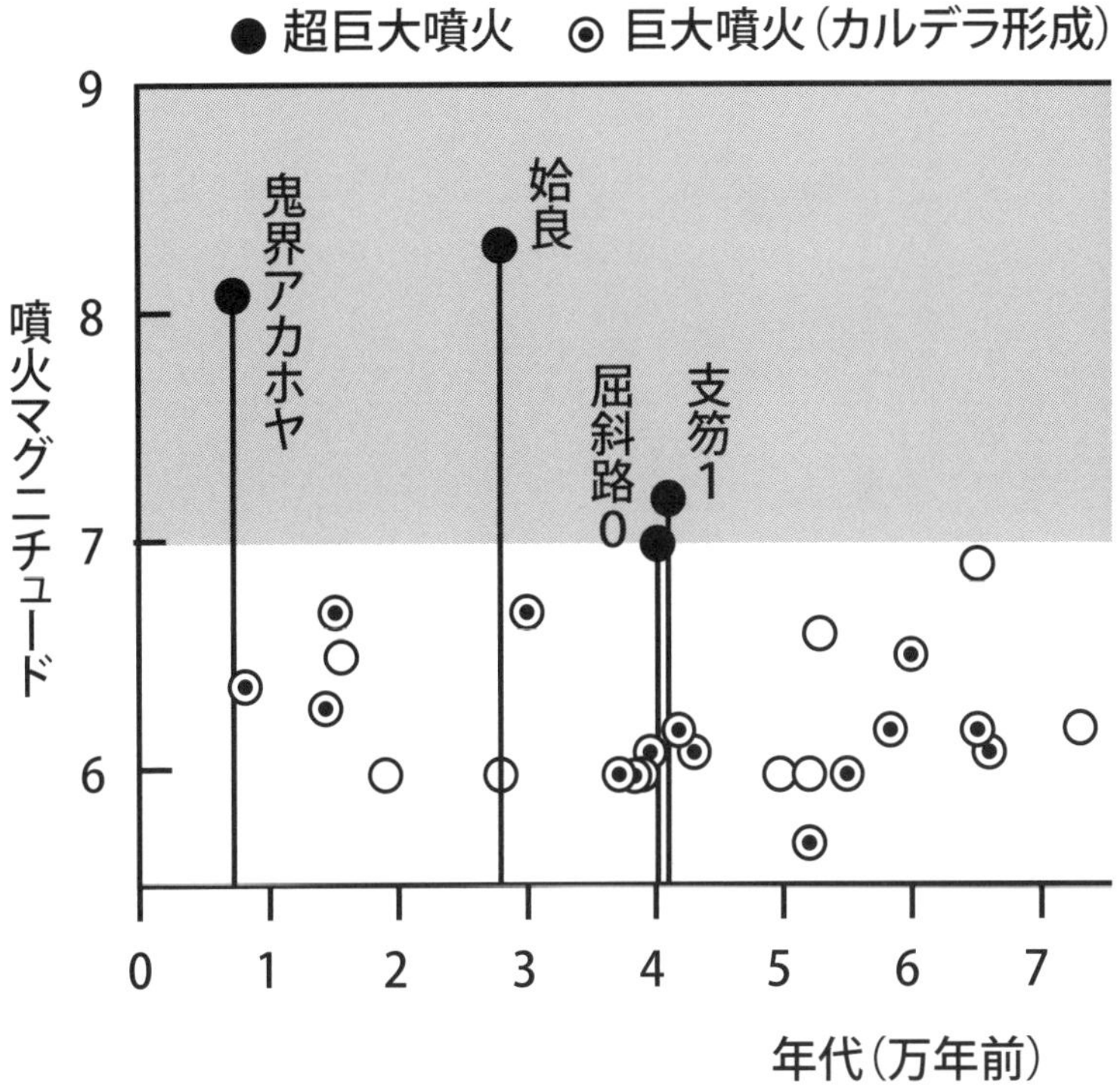

図５－２　過去12万年間に日本列島で起きた巨大噴火と
超巨大噴火、及びそれらの発生確率

た地震や噴火は、これからも必ず起きることを示している。

そのことを十分に認識していただくために、地質学的な記録が比較的よく残っている過去12万年間について調べてみる。すると、この間に、日本列島では48回の巨大噴火が起きている（図5－2）。先に述べた6万年前に起きた箱根火砕流は、現在の首都圏までを焦土と化したのだが、この噴火でも、巨大噴火の中では最小クラス（M6・1）なのだ。

こんな巨大噴火が現代日本で発生すれば、間違いなく前代未聞の大惨事となる。ではその発生確率はどれくらいなのか？

表5－1をご覧いただくと、よく地震で使われる今後30年間の発生確率は約1％である。多くの人々は、この一見低い確率を見ると安心するだろうし、中にはもっと積極的に99パーセント大丈夫だね、と思い込む人もいるに違いない。しかし、確率とはそういうものではないのだ！　実は私たち災害大国の民は、これまで何度もそのことは経験してきている。

1995年1月17日午前5時46分、M7・3の直下型地震が兵庫県南部で発生し、最大震度7の揺れとその後の火災で、6400人を超える尊い命が奪われた。それまで国が推進してきた「地震予知計画」がまったく無力であったことを知らしめた巨大災害であった。この地震を引き起こしたのは、六甲・淡路断層系のひとつである野島断層だったが、地震の後になって、この断層の過去の活動履歴が徹底的に調べ上げられた。その結果、この断層ではある程度周期的に地震が起きてきたことが明らかになった。

その周期と地盤の特性に基づいて、兵庫県南部地震の発生前日１９９５年1月16日における、30年地震（震度6弱以上）発生確率を求めることができる。政府が発表している「確率的地震動予測地図」はこのようにして作成されている。さて問題は、その確率である。もちろん周期の推定には誤差が伴うので幅はあるのだが、その値はなんと０・０３〜8パーセント。丸めると、およそ1パーセントである。

こんなにも低い確率であったにもかかわらず、その翌日にあの大惨事が起きたのだ。同様のことは、２０１６年熊本地震、２０１８年大阪府北部地震、北海道胆振《いぶり》東部地震についても言える。これらの地域では、政府の発表する確率的地震動予測地図では、30年間地震発生確率は数パーセント以下とされていたのだ。また地元の人やマスコミも、地震の少ない場所だと思い込んでいたために、強烈な揺れに驚いたものだ。

もうおわかりであろう。発生確率１パーセントというのは、１パーセントの確率で起きるということを意味するのであって、安心の材料にはならないのだ。むしろこれまでの教訓を生かすのであるならば、この確率は、地震は明日起きても不思議ではないと捉えるべきであろう。

しかもここで忘れてはならないことは、巨大噴火では地震よりもずっと広範囲に、その影響が及ぶことである。先に述べた6万年前の箱根火山の噴火では、高温の火砕流が現在の首都圏にまで達し、あたり一面は焼け野原と化したのだ。

大雪山や大山に見る「山体噴火」

巨大噴火では、地下のマグマ溜りに溜まっていた4立方キロメートルを超えるマグマが放出される。これだけのマグマが抜け去ると、地下にできた空間をそのまま維持することができずに、地盤が陥没する場合もある。「カルデラ」の形成だ。実際過去12万年間に起きた48回の巨大噴火では、約半数の噴火でカルデラが形成された。

例を挙げることにしよう。北海道中央部に聳《そび》える大雪山は、20以上の成層火山や溶岩ドームからなる火山群だ。北海道最高峰の旭岳（２２９１ｍ）の北西部に、御鉢平《おはちだいら》と呼ばれる直径約２キロメートルの小型カルデラが存在する。このカルデラは、約３万５０００年前に、山頂付近で噴火Ｍ６の巨大噴火が発生し、大量の火砕流を流出した結果作られたものだ。

火砕流堆積物は、景勝地として名高い層雲峡でよく見ることができる。中でも一番の写真スポットの大函《おおばこ》・小函《こばこ》と呼ばれる絶壁では、規則正しい割れ目が垂直に並んだ、柱状の岩が壮観である。

このような割れ目は「柱状節理」と呼ばれる。火砕流が堆積した後も、高温であったために自重で火山灰同士がくっついてしまって、まるで溶岩のように硬くなった「溶結凝灰岩」が特徴的だ。これは徐々に冷えていく際に収縮して、割れ目が入ったものだ。

この大雪山の噴火のように、すでに形成された山体（火山体）の頂上（火口）付近で巨大噴火が起きて、カルデラとなった例は他にも多くある。山陰の名峰伯耆富士《ほうきふじ》と呼ばれる大山《だいせん》では、約

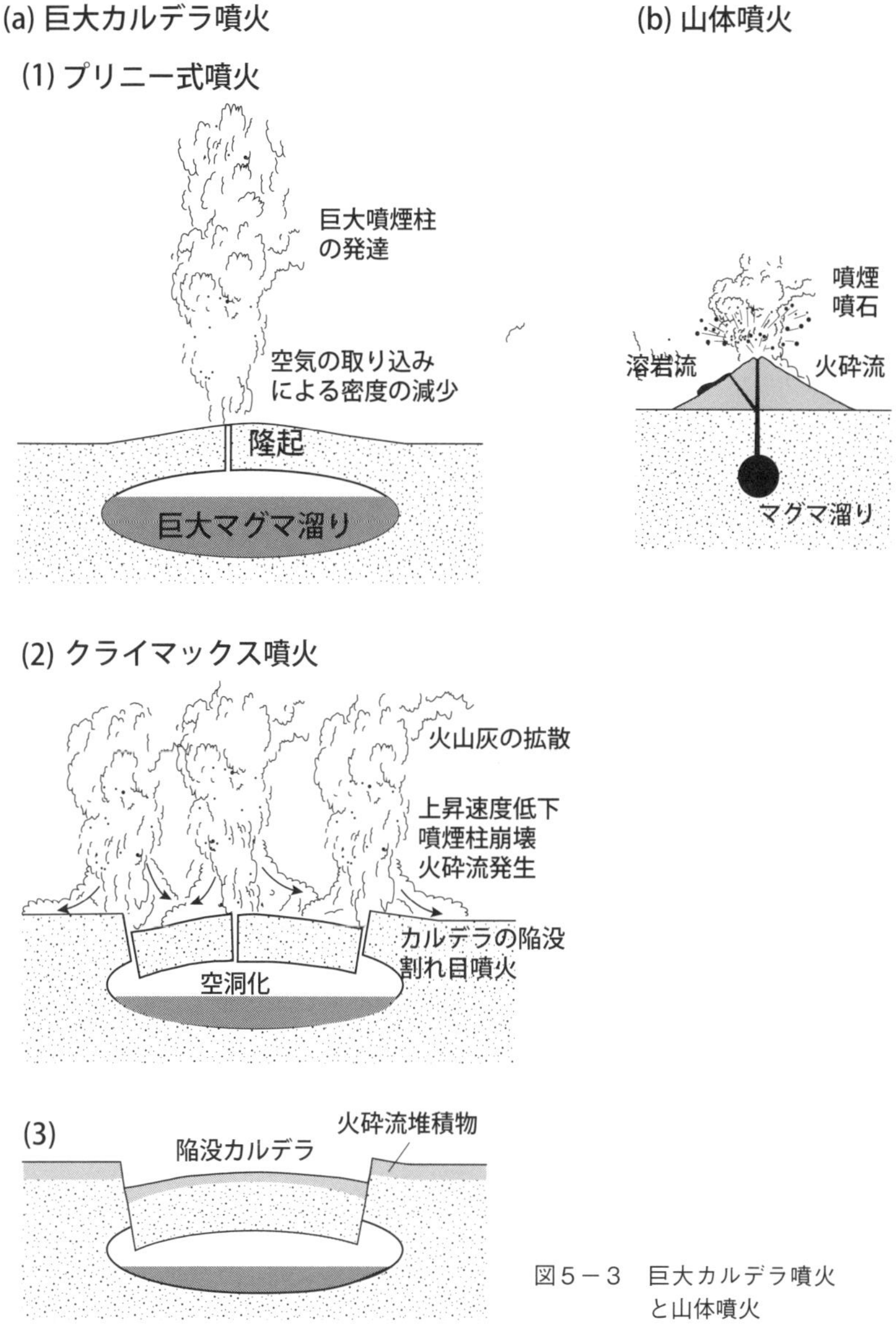

図５－３　巨大カルデラ噴火
と山体噴火

6万5000年前に40立方キロメートル近いマグマを噴き上げ、丹後半島でも50センチメートル以上の厚さの軽石層を作り、火山灰は中部地方にまで達した。この噴火も当時の山頂付近で起きたと考えられているが、現地形としてはカルデラは残っていない。ただ、電磁気学的な探査によって、現在の山体内部にカルデラらしき構造が推定されている。

このように、火山体の頂上付近や山腹で起きる噴火のことを「山体噴火」と呼ぶ（図5－3b）。大規模噴火など巨大噴火より小規模な噴火（噴火M5未満。表5－1）はすべてこのような山体噴火である。山体噴火で噴出するマグマは、流紋岩質から玄武岩質まで多岐にわたる。そしてそのマグマの化学組成や温度、含まれる水などの揮発成分の量などによって、多様な噴火様式となる。比較的流動性の高い玄武岩質や安山岩質のマグマは溶岩流を流すことが多いし、もっと二酸化ケイ素が多くなり水の量も増えると、爆発的な噴火になる傾向がある（図2－1）。

カルデラの形成を伴う巨大噴火の特徴

カルデラの形成を伴うような巨大噴火では、大量のマグマが噴出したことでカルデラの陥没が始まり、マグマ溜りから延びるいくつもの破れ目が地表と直結する。このことで噴火はクライマックスに達する（図5－3a）。

このような割れ目が形成されると、マグマを噴き上げる速度自体は、以前よりは小さくなってしまう。その結果、噴煙柱が崩壊して、火砕流が発生するのだ。噴煙柱が崩壊して火砕流が発生すると同時に、噴煙柱の中の軽い部分は、灰神楽《はいかぐら》となってどんどんと上昇し、やがて周囲に拡散してゆく。日本列島では偏西風の影響で、降灰域は火山の東側に広がる場合が多い。

カルデラの縁には「外輪山」と呼ばれる高地が存在することが多い。この外輪山の裾野の傾斜を、カルデラの中心の方向へと延長すると、富士山クラスの巨大火山がカルデラ形成以前に存在していたはずだ、という人もいる。しかしこれは間違いだ。外輪山は、いくつかの小さな火山と火山の間を火砕流が埋め尽くしたために、ほぼ同じ高さになっているだけなのだ。

もちろん、噴火の前には地面が巨大マグマ溜りの圧力で盛り上がることはあるが、けっしてそこに巨大な火山体があったわけではない。むしろ火山の兆候もなかった場所で、いきなり巨大噴火が始まったことが多い。例えば、1万5000年前に形成された北海道渡島《おしま》半島の濁川《にごりかわ》カルデラでは、なだらかな丘陵地で巨大噴火が始まり、5立方キロメートルを超えるマグマを噴き上げて、直径約3キロメートルのカルデラが作られた。

山体噴火が多様なマグマを噴出するのに対して、カルデラの形成を伴う巨大噴火では、マグマの組成は二酸化ケイ素に富む流紋岩質の場合が多いのが特徴だ。このようなマグマを、玄武岩質マグマの冷却に伴う結晶作用で作ることも可能ではあるが、もしそうだとすると、巨大噴火で放出されたマグマの10倍もの玄武岩質マグマが必要になる。こんな多量の玄武岩質マグマが地下に存在したというのは、はなはだ疑わしい。

例えば、3万年前に始良《あいら》カルデラで起きた超巨大噴火では、800立方キロメートルの流紋岩質マグマが噴出した。もしこれらが玄武岩質マグマから作られたとすると、その量はなんと８０００立方キロメートル。約30キロメートルの厚さの地殻の中に、一辺20キロメートルの立方体に相当する玄武岩質マグマが存在したことになる。こんなことが起きていれば、超巨大噴火に先立って、大量の玄武岩質マグマが噴き上げていたはずだ。

現在でも、大量の二酸化ケイ素に富むマグマの発生メカニズムは大きな謎であるが、図１－３に示したように、マントルダイアピルの熱で、地殻の底付近が大規模に融解することが関係していることは確かだろう。

あと２０００年以上は大丈夫という論法とは

次に、火山噴火の中で最大クラスの「超巨大噴火（巨大カルデラ噴火）」について眺めてみよう。この噴火はＭ７以上、40立方キロメートル以上のマグマを噴出するものだ（表５－１）。もちろん日本列島でも、過去に幾度も超巨大噴火が起きてきた。このような超巨大噴火は、例外なく直径10キロメートルを超える巨大なカルデラの形成を伴うので、「巨大カルデラ噴火」と呼ぶことが多い。

先にも述べたように、この巨大カルデラ噴火は、地質記録が比較的よく保存されている過去12万年に限っても、７つの火山で11回起きている（図２－13、図５－２）。７３００年前に鬼界カルデラができた巨大カルデラ噴火によって、南九州に暮らした縄文人を一掃したのだから、このクラスの噴火が現代日本で起きると、巨大な火砕流が周辺の街や森林を焼き払い、大量の降灰が広範囲で日常生活を奪ってしまうことは容易に想像できる。

問題は、火山大国に暮らす私たちが、このような「将来必ず起きる」超ド級の噴火を「自然災害」として認識して、備える必要があるのかどうかだ。

巨大カルデラ噴火がこれまで何度も日本列島を襲ってきたことは、火山学者にとっては常識であり、これまでも火山学会会長や火山噴火予知連絡会会長が、行政や政府に対してその危険性について警鐘を鳴らしてきた。しかし現状では、ほとんどそのことは認知されていない。

これまで、例えば国に対して巨大カルデラ噴火の切迫性を説明する際に使われてきた論法は、次のようなものだ。

- １万年に一回程度発生する巨大カルデラ噴火は、超巨大な災害を引き起こす可能性がある。
- そして最も直近には７３００年前に鬼界カルデラで発生した。
- もうそろそろ、この超巨大噴火が起きてもおかしくないので、対策を講じるべきである。

しかし、霞が関のお役人たちはなかなか手強《てごわ》い。

「おっしゃることは十分に理解いたしましたし、巨大カルデラ噴火対策がわが国にとって重要であると認識致しております。ただ、１万年に一度という、あまりにも低頻度な現象であり、しかも過去の事例を鑑《かんが》みると、まだ次の噴火までは２０００年以上あるとのことです。限られた予算をより効率的効果的な施策《しさく》に配分するという観点からは、もっと喫緊《きっきん》の課題、例えば、南海トラフ巨大地震、首都直下型地震、さらには台風豪雨による災害などについて、減災・防災対策を進めていかねばなりません。」

このようにさっと引き算をして、あと2000年以上は大丈夫なのだから、という論法を使われてしまう最大の原因は、1万年に一度の割合で巨大カルデラ噴火が起きると説明するからだ。

先にも述べたように、この平均間隔はあるひとつの火山についてのデータによるのではなく、日本各地の七つの火山について求めたものであり、この「平均」はまったく意味をなさない。正しくは、ポアソン分布に基づいて「発生確率」として表現せねばならず、そうすると、今後100年間に日本列島で巨大カルデラ噴火が起きる確率は約1％である（表5－1）。この1パーセントという確率が、けっして安心できる数字ではないことはすでに述べたとおりだ。

次に大切なことは、巨大カルデラ噴火がどれくらい甚大な被害を与えるかを示すことだ。例えば図2－13に示すように、この規模の噴火が起きると、火砕流が周囲100キロメートル程度を覆い尽くすほかに、広域に降灰の影響が及ぶ。これらの影響を評価しなければならない。

ここでは、最悪の事態を想定して、九州中部で巨大カルデラ噴火が起きた場合を考えてみよう。このように設定する理由は三つある。

- 巨大カルデラ噴火は、少なくとも過去12万年間では、北海道と九州でのみ起こってきた。
- 偏西風に乗って火山灰が拡散することを考えると、九州で巨大カルデラ噴火が起きた場合の方が、降灰の影響が大きい。

●火砕流の到達範囲及び人口の分布を考えると、中部九州での噴火が最悪の被害を与える。火砕流や降灰量やその領域の推定は、過去の巨大カルデラ噴火のうちで、これらのデータが最も揃っている、約3万年前に現在の鹿児島湾で起きた「姶良《あいら》・丹沢噴火」（第2章参照）のデータを用いる。

こうして描かれた「ハザードマップ」が図5－4だ。この図には、各領域内のおよその人口も示してある。火砕流の猛威についてはすでに述べた通りであり、この領域は摂氏500度を超える火山灰と高温ガスによって焦土と化す。

また、現状では降灰が10センチメートルを超えると、すべてのライフラインは確実にストップする。電気は送電線を支える碍子《がいし》に付着した火山灰が原因で漏電を起こす上に、発電所も空気の取り込みが不可能となるので、ブラックアウト状態となる。水道は取水が困難になり、現状では多くの場合、屋外にある沈砂池《ちんさち》や着水井《ちゃくすいせい》が降灰のために機能不全に陥る。

さらに交通インフラに関しても、道路は5センチメートル以上で通行不能となり、鉄道も10センチメートルの降灰で運行できなくなる。もちろん空港はさらに降灰に対して脆弱《ぜいじゃく》であり、1センチメートルの火山灰が降り積もっただけで、発着は不可能となる。

また住宅被害も甚大だ。50センチメートルの火山灰が降り積もると30％以上、60センチメートル以上の場合は60％以上の家屋が倒壊する。水分を含んだ火山灰は倍の重さになるために、降雨時にはさらに家屋被害は増大する。

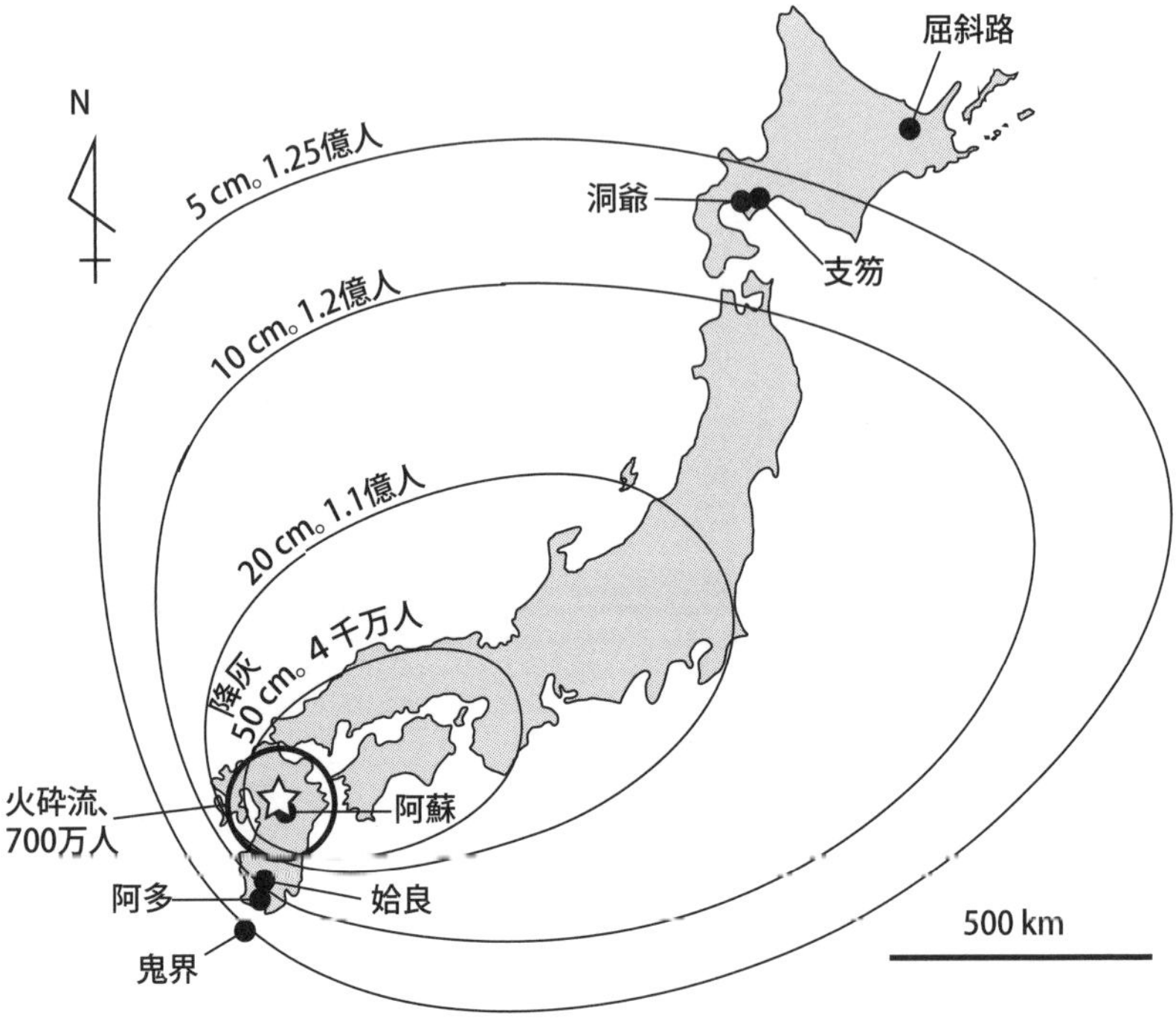

図５－４　巨大カルデラ噴火が起きた場合の最悪のシナリオ

ひとたび巨大カルデラ噴火が起きた場合、火砕流と多量の降灰による直接的な被害者は１００万人程度であると考えられる。しかし、北海道東部と沖縄を除く日本全国で、ライフラインが完全にストップし、交通インフラの壊滅により「復旧」や「救援」が絶望的な状況、言い換えると日常生活が崩壊した状況下で、１億人以上の人々はどうなるのか？　現状では、生き延びることは絶望的に困難である。

火砕流と降灰によって焦土と化した国土では、活動が収まった後も降雨のたびに土石流があちらこちらで発生し、海に流れ込んだ火山灰は内湾環境を完全に破壊する。７３００年前の鬼界アカホヤ噴火時には、森林が回復するまで１０００年近くの時間を要したという。

巨大カルデラ噴火がひとたび起これば、確実に「日本喪失」を招く。

巨大カルデラ噴火の「危険値」が示すもの

ここまでくると、巨大カルデラ噴火がいかに甚大な被害をもたらすかは、ご理解いただけたであろう。しかしおそらく、それでもなお多くの人々、それに政府や行政は、この破局的災害に対する対応を考えるという行動を取らないのではなかろうか？　なぜならば、そうは言っても巨大カルデラ噴火は歴史上一度も起きておらず、１００年間の発生確率は１％程度だからだ。だから、なんとしても巨大カルデラ噴火の切迫性を認識していただく必要がある。

そこで私は「危険値」という概念を強調してきた。

この概念は、少々不謹慎であるかもしれないが、わかりやすい例を挙げると、どのギャンブルが儲かるかという問題と同じだ。ギャンブルといえば最近では「カジノ」がよく話題になるが、この国には、競馬、競輪、スポーツくじ、宝くじなどの公営ギャンブル、それにパチンコなどもある。ギャンブルの魅力は、なんといっても高額配当金への期待だ。

もちろんプロと呼ばれる人たちもいるようだが、「胴元」は必ず儲けるのだから、私たち一般市民にとっては、できるだけ損失の少ないものを選んで夢を買うというのが、ひとつの楽しみ方だろう。それには数学で言う「期待値」を比べるのが手っ取り早い。

この場合の期待値とは、配当金にそれが当たる確率を乗じたものだ。賭け金を1000円とした場合の期待値は、宝くじやスポーツくじが約500円、競輪・競馬・競艇はおよそ800円、パチンコが900円弱、カジノは950円程度だ。

「災害大国」日本は、先進7ヵ国中トップの人口密度であるので事故も多い。限りある予算を災害や事故の対策に配分する際にも、ギャンブルの選択と同様に、期待値が重要な指標となる。つまり、ある災害や事故で1年あたりにどれくらいの死亡者が出るかを予想して、その値が大きいものに対して対策を講じるのが合理的だ。もっとも、このような場合は期待値と呼ぶのは憚《はばか》られるので、「危険値」と呼ぶことにする（表5－5）。この危険値は、ある災害や事故で、平均的に毎年どれくらいの人が亡くなるかを表す数値だ。

台風や豪雨災害は、近年明らかにその規模が増大している。この原因が地球温暖化にあること

	想定死亡者数（人）	年間発生確率（%）	危険値（人／年）
台風・豪雨災害	250	100	250
水難事故	800	100	800
交通事故	4,000	100	4,000
首都直下型地震	23,000	4	900
南海トラフ巨大地震	330,000	4	13,000
富士山大噴火	14,000	0.1	15
富士山山体崩壊	350,000	0.02	70
九州巨大カルデラ噴火	120,000,000	0.003	3,600

表5－5　事故や災害の危険値

はほぼ確実である。そのメカニズムは次のようなものだ。

● 温暖化によって、台風発生域での海水温が上昇する。とくに日本の南海上からハワイ付近およびメキシコの西海上にかけて、猛烈な熱帯低気圧の出現頻度が増加する。

● 温暖化によって、熱帯低気圧の移動速度が減少する。このことはシミュレーションだけではなく、各数十年の観測データによっても確認されている。

● 台風がゆっくりと日本列島を襲うようになると、高潮がひどくなり、建造物が強風にさらされる時間が長引き、そして、降雨量が増える。

このような背景を考慮して、ここでは台風や豪雨のいわゆる「当たり年」であった2018年の死亡者数が、今後も続くとしてある。当然ながら、豪雨や台風災害は毎年のように起きる。つまり、年間発生確率は100％（割合だと1）である。だから台風・豪雨の危険値は、毎年250人となる。同様に、交通事故の危険値は約4000。毎年こんなにも死亡者が出るのだから、その軽減のために相当額の予算が投入され、あちらこちらで警察の取り締まりが行われることも納得せざるをえない。

一方で私たちは、あの3・11で、巨大地震が稀な（低頻度の）現象ではあるが、甚大な被害をもたらす「低頻度巨大災害」であることを思い知らされた。南海トラフ地震や首都直下型地震は、今後30年の発生確率が70％を超える。そして、それぞれ33万人、2万3000人もの死亡者が予想されている。危険値に直すと一年あたり、1万3000人と9000人となる（表5－5）。豪雨災害を遥かに凌ぐ危険値を示す「試練」が迫っていることを、しっかりと再認識して、想定被害域にお住いの方々は、生き延びる術《すべ》を具体的に確認いただきたい。

緊急を要する対策と、その現状

次は火山災害を考えよう。

なんといっても関心が高いのは富士山だ。なにせ首都圏からも望むことができるバリバリの活火山であるからだ。富士山噴火を想定して作成されたハザードマップに基づくと、江戸時代の宝永噴火のような大噴火の場合の危険値は約15である。しかし先にも述べたように、富士山でもっと怖いのは、地震で山の一部が崩れる「山体崩壊」だ。

私たちは幸いにして、まだこの巨大災害には遭遇していないが、富士山山体崩壊は、およそ５０００年に一度の間隔で起こってきた。大量の土砂が土石流として流出して、35万人もの被害者が予想されるので、その危険値は70にも達する（表５－５）。もちろん富士山大噴火に対する対策は必要ではあるが、同時に、いやそれ以上に、山体崩壊による被害の軽減策を講じる必要があることは明らかだ。しかし、この巨大災害に対するハザードマップは、まだ公式には発表されていない。

さて次にいよいよ、巨大カルデラ噴火の危険値を推定してみよう。すでに述べたように、巨大カルデラ火山は日本列島に7座、北海道と九州に集中している。これらすべてを考えた場合の巨大カルデラ噴火の発生確率は、今後１００年間で１パーセント程度である。それが北海道で起きた場合には、被害は比較的少なくて済むと予想される。人口密度が低い上に、偏西風の影響で火山灰は東へと運ばれ、大半は海へと落ちるからだ。

一方で九州の４つの火山では、いずれも近隣に県庁所在地が存在し、しかもその東側には人口密集ベルトが存在する。火山灰の降灰地域は、この４火山のどれを給源とした場合でもそれほど大きくは変わらないので、図５－４のハザードマップもそれほど変化しない。

また、このハザードマップは、噴火マグニチュード8を超える姶良《あいら》カルデラ噴火を想定したものであるが、このクラスの噴火は過去12万年間で九州で３度、阿蘇カルデラ、姶良カルデラ、鬼界カルデラで起きている（図５－２）。その年間発生確率は０・００３パーセントである。今ここで考えている災害や事故の中では圧倒的に低頻度低発生確率の事象なのではあるが、なにせ、その想定死亡者は桁外れ、１億人以上である。したがって、その危険値は年間３６００人にも達するのだ。

こんなことが起きたら、もう諦めるしかない。そういう考え方もあるだろう。でも本当にそれでいいのだろうか？　危険値ランキングトップの南海トラフ巨大地震については、まだまだ不十分ではあるものの、減災対策が講じられつつある。しかし、自然災害の中で2番目、交通事故に匹敵する危険値を持つ巨大カルデラ噴火は、災害とさえ認識されておらず、そのために対策を考えようとする動きすらないのが現状だ。

巨大カルデラ噴火に対する司法の判断

この悲しい現状を端的に表す出来事がある。巨大カルデラ噴火に対して、司法がある判断を下したのだ。

２０１７年12月に広島高等裁判所は、愛媛県の伊方《いかた》原子力発電所3号機について、「熊本県の阿蘇山で巨大カルデラ噴火が起きて原発に影響が出る可能性が小さいとは言えず、新しい規制基準に適合するとした原子力規制委員会の判断は、不合理だ」として、運転の停止を命じる仮処分の決定をした。司法が巨大噴火の影響を根拠に、原発の運用に関して判断を下したことで、世界一の火山大国日本の今後の対応が「本気モード」になることが期待された。

しかし広島高裁は2018年9月25日に、四国電力の保全異議を認めて、先の仮処分を取り消したのだ。その根拠は次のようなものであった。

● 巨大噴火の発生頻度は著しく小さく、国はこれによる災害を想定した具体的対策は策定していない。
● 国民の大多数は、この国の対応に対して格別に問題にしていない。
● これらの状況下では、巨大カルデラ噴火の発生の可能性が相応の根拠を持って示されない限り、それを自然災害として想定しなくともよいとするのが社会通念である。

しかし、ここで示した危険値を比較することによって、巨大カルデラ噴火をこの火山大国では当然起こるべき自然災害、とりわけ破局的災害として想定すべきであることは明瞭である。その対策を講じる際には、現在巨大カルデラ火山がどのような状態にあり、超巨大噴火を起こすまでにどれくらいの猶予があるかを見極めること、すなわち噴火予測が必要である。ここまで私が述べてきたことは、地震と同様に、過去の事例（活動時期とその規模）に基づいた、確率的な噴火予測である。

地震に関して現状では、いつ、どこで、どれくらいの規模の地震が起きるかを科学的に予測（予知）することは不可能である。地震予知が困難な最大の理由は、その前兆現象がわからないことだ。例えば、どれくらい地盤にひずみが蓄積すれば破壊、すなわち地震が起きるかはわかっていない。

一方で、火山噴火については、明らかに前兆現象を捉えることができる場合がある。そこで、巨大カルデラ噴火について、その予測が可能であるかどうかを考えてみることにしよう。

巨大カルデラ噴火は予測できるか?

火山噴火を引き起こすのは、火山の地下に潜むマグマである。マグマが直接噴き上げる場合もあれば、マグマの熱で水蒸気噴火を起こすこともある。水蒸気噴火の場合は、マグマの動きがない、または少ない場合が多く、そのために噴火が突然始まることが多い。つまり、なかなか前兆現象を見いだすことが困難であり、水蒸気の動きが活発になったことを検知しても、爆発までの時間的余裕がないために有効な噴火予測は難しい。

一方でマグマ噴火の場合は、マグマが上昇する際に、さまざまな前兆現象を引き起こすことがある。これらを検知して、過去の事例と照らし合わせながら噴火の危険性を判断しているのが、現在の火山噴火予測観測だ(図5-6)。

第2章で説明したように、多くの場合、火山噴火のきっかけは、火山直下のおそらく2~3キロメートルにあるマグマ溜りに、深い所からマグマが供給されることである(図2-3)。これが原因で発泡現象が起きてマグマ溜りが膨張し、その圧力でマグマが上昇を始める。この過程でマグマ溜りの周辺では破壊現象や発泡現象などに伴う、特徴的な火山性地震が観測されることがある。

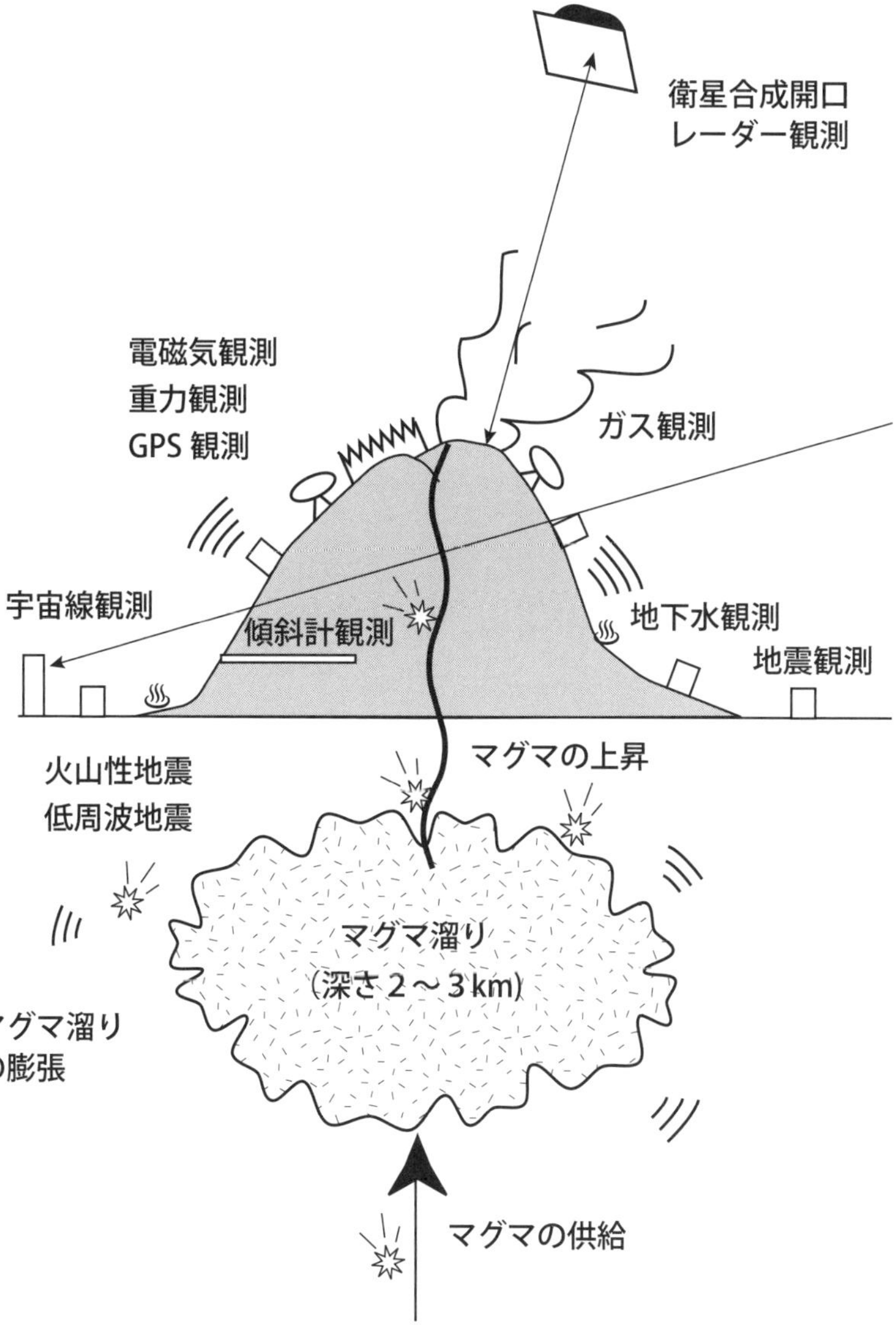
衛星合成開口
レーダー観測
電磁気観測
重力観測
GPS 観測
ガス観測
宇宙線観測
傾斜計観測
地下水観測
地震観測
マグマの上昇
火山性地震
低周波地震
マグマ溜り
(深さ 2～3 km)
マグマ溜り
の膨張
マグマの供給

図５－６　現在の火山観測

また、マグマ溜りの温度が上がるために、電気抵抗が変化して、火山周辺の地球磁場が乱れることもある。また、活動的になったマグマ溜りから火山ガスが染み出し、周囲の温泉や地下水の化学組成が変化する場合もある。さらには、マグマが火道を通って上昇してくると、山体そのものが膨張することもあるに違いない。その微小な変化を傾斜計などで検知するのだ。

最近では、宇宙線の一種である「ミューオン」を使って山体内部を透視して、マグマがどのあたりまで上昇してきたかを推定できるようにもなってきた。また、人工衛星に搭載された開口型合成レーダーを用いて、火山体や周辺の地殻変動を高精度で繰り返し測量して、周辺域も含めた火山全体の活動度を評価する手法も実用化されてきた。

これだけ多岐にわたる項目を用いて、噴火の前兆現象を検知しようとする観測は、残念ながら日本列島の活火山すべてで行われているわけではない。桜島、雲仙岳、阿蘇山、草津白根山、浅間山、有珠山《うすざん》などには大学の観測所があり、経験豊富なスタッフが常駐して、総合的な観測を行っている。また、気象庁は富士山をはじめとする50の火山で、観測項目は限られるものの24時間体制で監視を行っている。しかし、それでもまだ活火山の半分もカバーできていない。しかも、先にも述べたように、日本列島にはいつ噴火してもおかしくない「待機火山」は３００近くもあるのだから、まだまだ観測体制は不十分であると言わざるを得ない。

さらに残念なことには、多くの常時観測火山には観測に携わる人員が配置されておらず、データだけが中央へ送られているのだ。先にも述べたように、火山噴火予知の成功例として語り継がれる２０００年有珠山噴火では、ずっと火山に寄り添って、その息遣いを見守り続けて、有珠山の癖を知り尽くした「ホームドクター」がいたのだ。火山は非常に個性が強く、多くの火山から集められたデータを並べても、個々の噴火を予測することはなかなか困難なのだ。

火山噴火予測観測による成果

さらに現在の火山噴火予測観測には、もっと根本的な問題がある。たとえとして、今や２人に１人が罹患するという癌の診断を例にとって説明してみよう。

一昔《ひとむかし》前までは、癌が進行したことで引き起こされるさまざまな症状や体調不良がきっかけとなって、癌が見つかることが多かった。だから、相当限られた場合以外は治療の効果は良好とは言えなかった。しかし現代では、例えば高精度のＣＴ（コンピューティド・トモグラフィー）装置などで、異常個所を正確に可視化することができるようになった。そして例えば1カ月後に、その部分が肥大化しているかどうかを観察（モニタリング）することによって、高い確度で癌を発見できるようになった。そのおかげで、早期発見・早期治療が可能となり、治癒またはいわゆるＱＯＬ（生活の質）の向上に大いに貢献している。

この例と火山噴火予測観測を比較すると、現状の火山観測は、まさに地震や地殻変動といった「症状」を調べている段階にあることがわかる。従って、より確度の高い噴火予測を行うには、マグマ溜りそのものの形状や大きさを正確に可視化して、その変化をモニタリングすることが不可欠なのだ。

しかし残念ながら、現時点でマグマ溜りの位置、形、それに大きさを正確に捉えた例はない。多くの火山噴火では、噴出されるマグマの量、すなわちマグマ溜りがそれほど大きくないために、なかなか正確にイメージングすることができないのかもしれない。

では、巨大カルデラ噴火はどうだろう？　巨大なマグマ溜りが火山の地下に存在するならば、それをイメージングできる可能性もある。

癌を可視化するＣＴ検査では、受診者の体にX線をあらゆる方向から照射して、そのデータを解析することで体内の異常部分を検出する。これとまったく同じ原理で、X線の代わりに地震波を用いて、地球内部や火山の地下を可視化することができる。地震波トモグラフィーと呼ばれる手法だ。

現時点で、この方法を用いて、巨大なマグマ溜りが存在すると考えられている火山が、少なくとも世界に２つある。米国のイエローストーンとインドネシアのトバ火山だ。これらの火山は過去に何度も超巨大噴火を繰り返し、大規模なカルデラを形成した火山だ。イエローストーンでは、直近には63万年前に巨大カルデラ噴火を起こし、約９００立方キロメートルのマグマを噴き上げた。そして現在でも活発な地殻変動や噴気活動が続いていて、有名な巨大間欠泉もその一つだ。

観測結果から推定された地下の様子を図５－７に示す。カルデラの地下数キロ以上のところに、直径がなんと80キロメートルにも達する、巨大な地震波低速度異常域が認められる。液体つまり

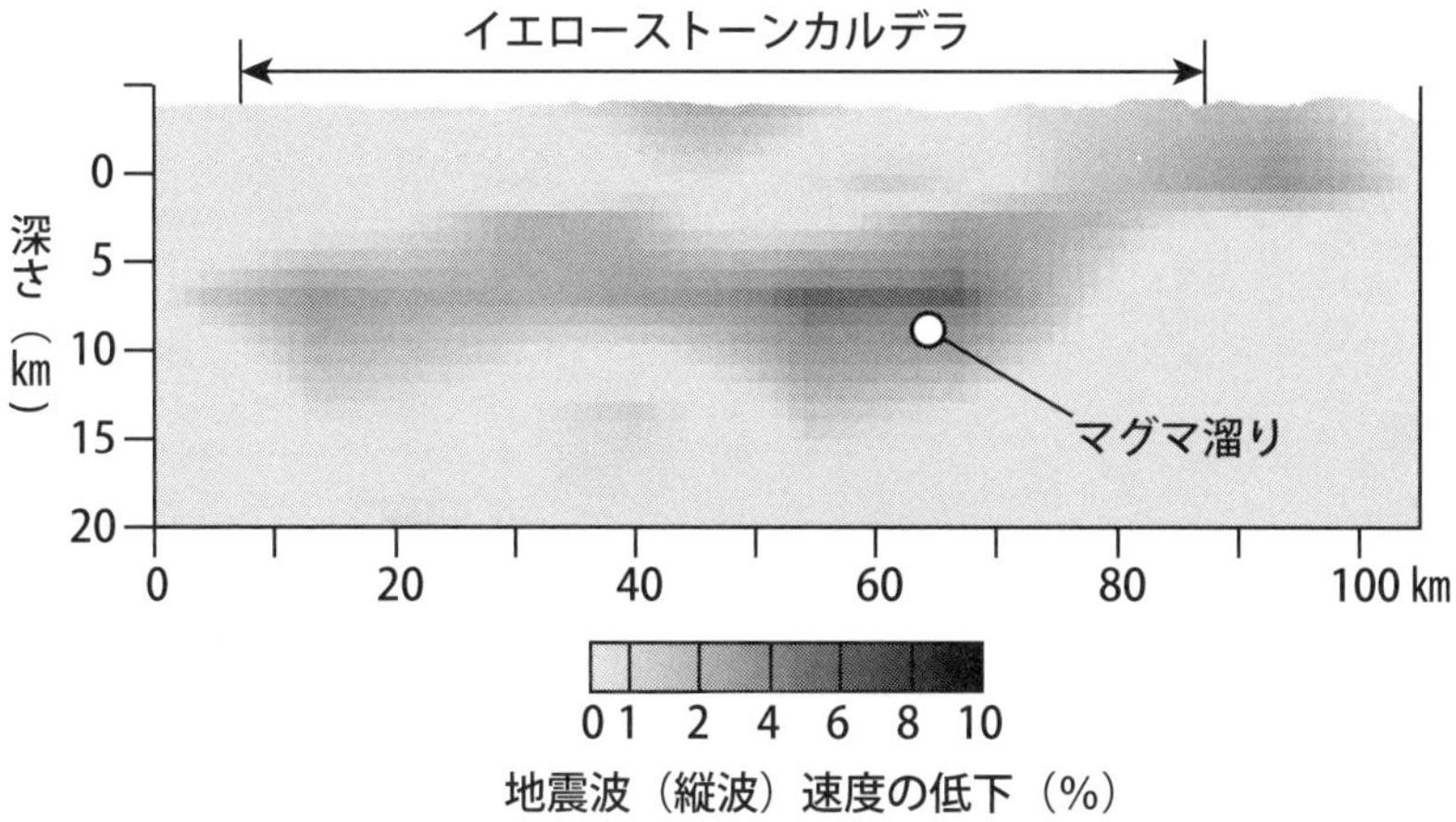

図５－７　米国イエローストーンカルデラの地下で見つかった巨大マグマ溜り

マグマが存在すると、地震波の伝わる速度が低下するので、この速度異常域にはマグマが存在する、すなわちマグマ溜りを示すと考えることができる。

世界で初めて巨大なマグマ溜りの存在を示唆したことは、間違いなく第一級の研究成果だ。しかし、この結果がすぐに巨大カルデラ火山噴火の予測につながるわけではない。図を見ると一目瞭然であるが、マグマ溜りの形や大きさ、とくにマグマ溜りの境界がきっちりとは決まっていないのだ。これでは、モニタリングしてマグマ溜りが肥大化しているかどうか、すなわち噴火が切迫してきているかどうかを判断することは困難である。

じつはこの研究成果は、１００キロメートル四方の広範囲に稠密《ちゅうみつ》に配置した地震計を用いて、27年間もの長期間観測した結果を解析して得られたものだ。しかし、自然地震が運よくマグマ溜りを通過した場合しか解析に使えないので、どうしても精度が上がらない。

あたかも、一世代前に病院で使われていたCT装置で、体の中を可視化したようなものだ。しかし、それほど頻繁に起こるわけではない自然地震を使う限りは、なかなか高精度な像を得ることは難しい。

巨大マグマ溜りを捉える大規模探査が開始された

では、どうすればよいのか？　ひとつの解決策は、地面を叩いたりダイナマイトを爆発させたりして、人工地震を起こして地震波を発生させ、それがマグマ溜りで反射あるいは屈折して、再び地上へ到達した波を捉えて解析することだ。「反射法・屈折法地震探査」と呼ばれるこの方法は、これまで高層ビルや巨大な構造物を建設する際の地盤調査や、断層のイメージング、それに石油などの地下資源の探査に威力を発揮してきた。

しかし、この方法を使ってカルデラ火山の地下を探査するには、大きな障害が立ちふさがる。巨大なマグマ溜りの実態を明らかにするには、少なくとも数十キロメートル、場合によっては100キロメートル四方にも及ぶ、広大な領域のあちらこちらで人工地震を発生させなければならない。例えば阿蘇カルデラを探査する場合、熊本・大分県全域、始良《あいら》カルデラの場合ならば鹿児島・宮崎両県全域でダイナマイトを打たねばならない。しかしいずれの場合も、300万人近い人々が暮らしている場所で、このような大規模な探査を行うことは現実的には不可能なのだ。

一方で海域ならば、圧縮空気を発して地震を起こすエアガンを船で曳航《えいこう》すれば、広範囲をカバーすることができる。そして船で引っ張るストリーマーに装着した受信機や、あらかじめ海底に配置しておいた地震計で地震波を受けることができる。これらのデータを解析すれば、広範囲にわたって地下深部までの構造を読み取ることができるはずだ（図５－８）。かつて私たちは、伊豆半島から小笠原諸島の海域で、このような大規模探査を行い、海底下30キロメートル程度までの構造を詳細に探査した経験がある。

わが神戸大学は、これまで数多くの外航船員を輩出してきた「練習船深江丸」を運用している。この練習船にマルチチャンネル地震探査装置、音響海底地形探査装置、海中ロボットなどの最新の装置を装着して、「探査船」としての機能を持たせたのだ。そして深江丸が向かうのは、鬼界カルデラ。日本列島で唯一の海底巨大カルデラであり、しかも最も直近の７３００年前に巨大カルデラ噴火を起こした火山だ。巨大マグマ溜りが存在する可能性は十分にある。

この世界初の挑戦は、２０１６年に始まった。まだまだ巨大マグマ溜りを捉えるには至っていないが、次々と新しい発見が続いた。また２０２１年には海洋研究開発機構の最新鋭の探査船「かいめい」も加わって、いよいよマグマ溜りに照準を当てた大規模探査を行う予定である。

このような探査で、巨大マグマ溜りの正確なイメージングが可能になれば、その後モニタリングを行うことになる。こうしてマグマ溜りの変化を捉えることができれば、巨大カルデラ噴火の予測は大きく前進する。また、これらの海洋観測によって、マグマ溜りの上面からの反射波を捉えるには、どのあたりに狙いを絞って人工地震探査を行う必要があるかなどがはっきりすれば、

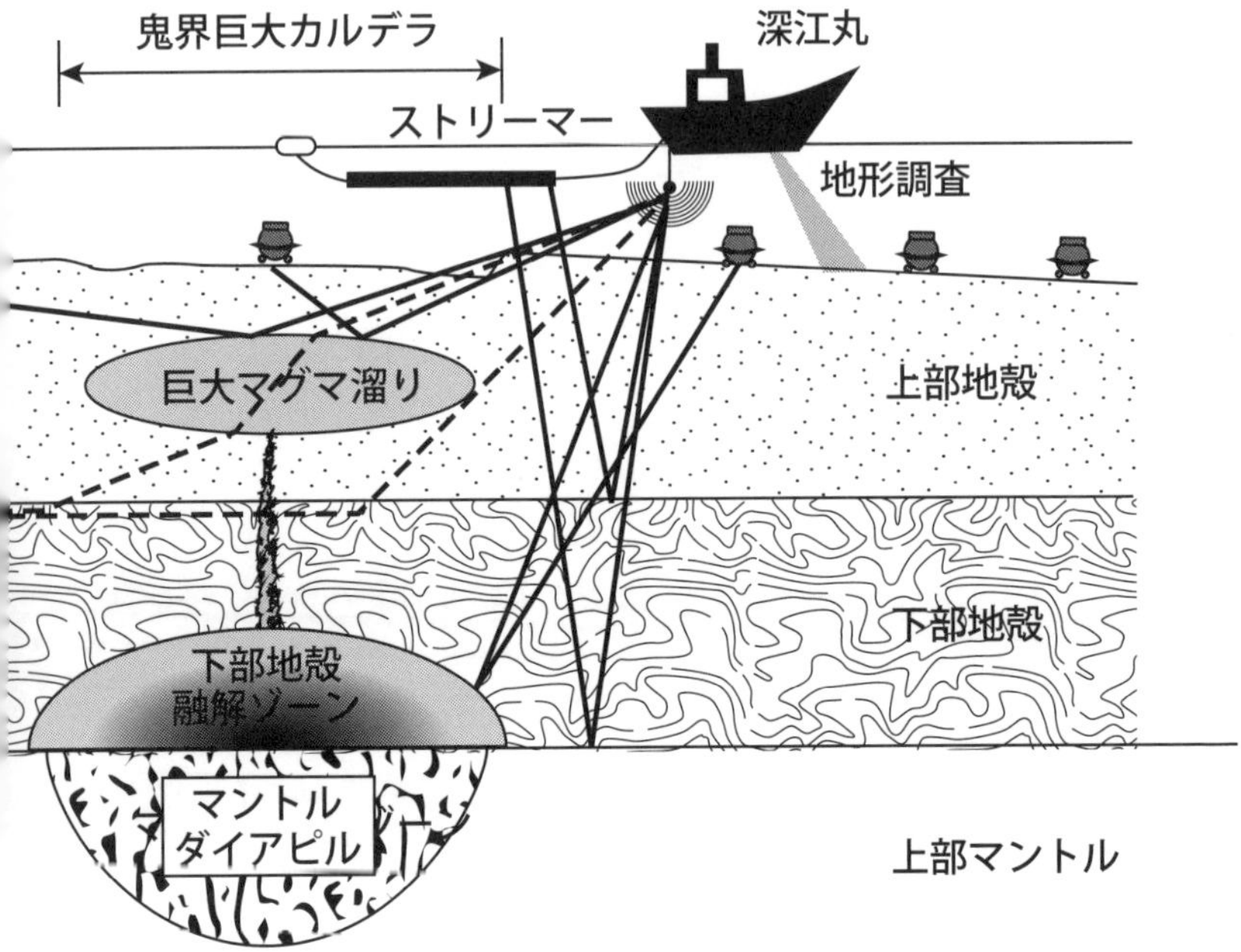

図5－8　海底巨大カルデラ探査の概念図

陸上カルデラ火山における地下構造探査にも応用することができる。

日本喪失を招く巨大カルデラ噴火を予測するための研究は、ようやく始まった。もちろんこの研究は私たち科学者の責任であるのだが、このような研究を進めていくためにも、そして現状では無策な政府や行政をその気にさせるためにも、皆さんの理解と応援が不可欠だ。

災害に対する日本人の「無常観」

ここまで読み進んでいただければ、変動帯日本列島、そして

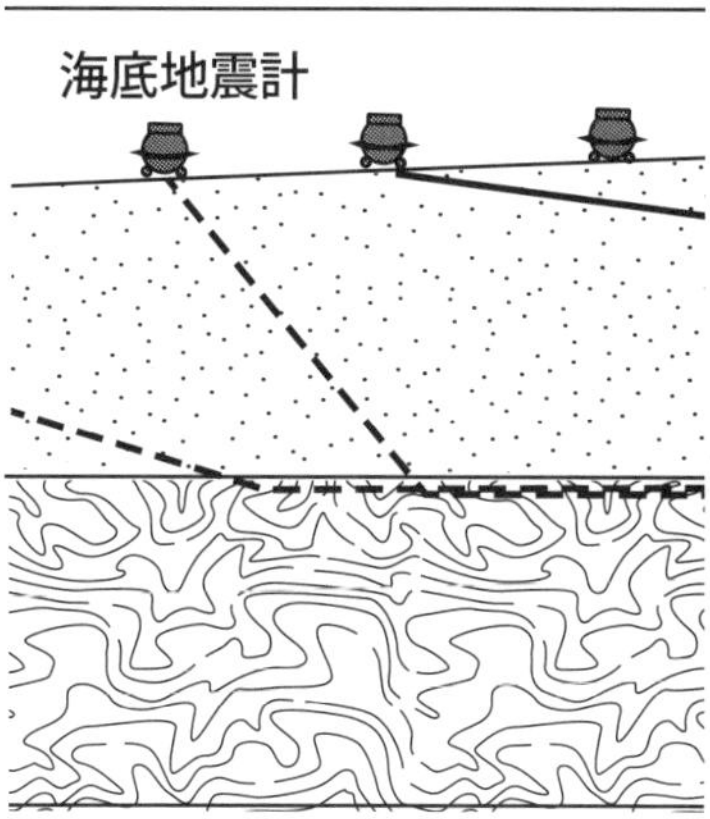

世界一の火山大国に暮らす私たちは、自然から受ける試練、とくにこれまで7300年前の縄文人を除けば経験したことのない破局的な火山災害に対して、なんらかのアクションを起こす必要があることはご理解いただけたであろう。

ただこのような「存亡の秋《とき》」に直面していても、「いくらなんでも、そんなことは起こらないだろう」とか「自分だけは大丈夫だろう」などという、まったく論理的ではなく身勝手極まりない思い込みが人々を支配するものだ。いわゆる「正常性バイアス」、自分にとって都合の悪い情報を無視したり、過小評価したりしてしまう特性である。

これだけ地震が頻発し、その悲惨な光景をマスコミなどで目《ま》の当たりにしていても、いざそれが自分たちに襲いかかった後になって、「まさかこんな目にあうとは思わなかった」という被災者の声を聞くたびに、正常性バイアスの恐ろしさを思い知らされる。これを払拭《ふっしょく》することは、変動帯の民にとってはきわめて重要であるにもかかわらず、容易ではない。

地震や豪雨災害のように、毎年のように襲ってくる災害でさえこの有様なのだから、さらに低頻度で、しかしその一方で日本全体が壊滅的な被害を受ける巨大カルデラ噴火に対しては、「まさかそんなことが……」という思いに加えて、「そんなことに対して、どんな対策が有効なのかわからない」とか「そうなれば、それはそれで仕方がない」という諦念《ていねん》まで加わるので、はなはだ厄介である。今の私には、とにかく、巨大カルデラ噴火を「災害」として認識し、そのリスクを正確に理解していただけるように、繰り返し、手を替え品を替え、伝えていくしか方法はないように思える。

正常性バイアスという人類共通の特性に加えて、災害大国の民をまるで呪縛するかのように支配している倫理観が厄介だ。それは「無常観」である。これこそが「諦念」の原因だと考えられるのだが、この問題について、私はまだまだきちんと論考できる段階にはない。したがって、詳しくはまたの機会に譲るしかないのだが、その要点だけは記しておくことにしよう。

まず、ここでいう無常観とは、端的に述べると『はかないものに美を感じる」ことだ。もともと無常観は、仏教の根本的な理念、すなわち旗印である三宝印の一つ、「諸行無常」に由来する。あらゆるものは変化するのが定めであり、そのことを認識しないと苦しむことになる、と説くのだ。飛鳥時代にこの国に伝わった仏教が広まるにつれて、諸行無常も人々に浸透していった。とくに、仏教発祥の大陸と違って、変動帯ならではの災害にたびたび見舞われた人々にとっては、この教えはツボにはまったに違いない。

「はかなさ」から「美意識」への昇華

このようにして、日本人の心の奥底に深く根ざしていった無常観を、ある意味で極限まで貫き通したのが、鴨長明《かものちょうめい》であろう。彼が京のはずれ、今の伏見区あたりの一丈四方（方丈：おおよそ３メートル四方）の廬《いおり》で、世間を通して自分を見つめて記したのが『方丈記』だ。

その冒頭には、次の一節がある。

ゆく河の流れは絶えずして、しかももとの水にあらず。淀みに浮かぶうたかたは、かつ消えかつ結びて、久しくとどまりたるためしなし。世の中にある人とすみかと、またかくのごとし。

平安時代９世紀から大地震や火山噴火、洪水や疫病が頻発し、平家の横暴によって世は乱れ、そしてその平家すらも滅亡した。長明には、「末法《まっぽう》」という時代が重くのしかかったに違いない。末法とは、釈迦の入滅後しばらくは、釈迦が説いた正しい教えが世で行われ、修行して悟る人がいる時代（正法）が続くが、やがて見かけの修行者が多くなり、悟りを理解する人がいない時代（像法）が来て、ついには正法がまったく行われない時代（末法）が来るという考えだ。日本では永承７年（１０５２年）に末法に入ったと信じられていた。

長明は無常という苦しみから逃れるために隠居し、ようやく安らぎを得ることに成功したかに見えた。しかしそれでもけっして、苦悩から完全に解放されることは叶わなかった。仏教的無常観とは、生きているこの世のあらゆるものは無常と説くのであるから、誰であろうと、どこに暮らそうと、この「諸行無常」の摂理から逃れることはできないのだ。どうしても逃れることのできない無情に対する心の揺らぎ、彷徨《ほうこう》こそが『方丈記』の真髄であろう。

一方で、同じように鎌倉時代に吉田兼好によって記された『徒然草』も、やはり無常観がその底流をなしているのだが、読んで受ける印象は『方丈記』とは大いに異なる。例えば、第七段には次のような一文がある。

あだし野の露消ゆる時なく、鳥部山の煙立ちも去らでのみ住み果つる習ひならば、いかにもののあはれもなからむ。世は定めなきこそいみじけれ。

「あだし野」は、京都市右京区嵯峨にある小倉山《おぐらやま》の麓で、火葬場・墓地があった場所だ。名の由来は「無常の野」の意で、人の世のはかなさの象徴としても用いられたようだ。「露が消える」とは、人の死を意味する。「鳥部山（鳥辺山）」は「鳥部野」のことで、京都市東山区の清水寺から西大谷に通じるあたりである。古くから、火葬場があった所だ。だから煙が立ち去るというのは人の死を意味する。つまり、人がいつまでも死なないのでは、「もののあわれ＝無常観」などというものは意味がなくなってしまう。むしろ、世の中は無常で、はかないからこそよいのだ。

この兼好の文章には、長明にはないポジティヴ思考が表されていると言ってよいのではないか。そう理解すれば、この第七段のみならず、『徒然草』前段全体が、移ろいゆく、はかないものにこそ意義や美しさを見出そうとしているように読めるのだ。そしてこのことが、無常観が単にはかなさを嘆く詠嘆的なものから、「美意識」へと昇華したことを示すのではなかろうか？

このような美意識は、やがて「幽玄」として、日本の文学や芸能の美的理念として発展していく。千利休が茶の湯で説く「わび」や、芭蕉の説く「さび」はその代表格だろう。やがては散りゆく前に咲き誇る桜や、山体崩壊や大噴火でその山容が失われる運命にありながら、秀美な姿を見せる富士山に、はかない美しさを感じるのが私たち日本人である。

このように日本人の美意識として定着してきたかに見える無常観ではあるが、このはかなさに対して、見かけ上対極的な心情も、私たちの心の中にはあるようだ。それを見事に言い表したのが、冒頭にも紹介した、１５１８年に成立した歌謡集『閑吟集』の中の小歌だ。今一度記しておこう。

なにせうぞ　くすんで　一期《いちご》は夢よ　ただ狂へ

作者はきっと、はかなきものに美しさを感じる自分に酔っている人たちをみて、ムカついたのだろう。それでもなお世の中がはかないことは認めているのが、いかにも日本人らしい。ただこの作者は、刹那的享楽主義とでも呼ぶ方向へ向かっている。

火山大国の民としての覚悟

ここまで浅学ながら日本独自の無常観について眺めてきたのだが、無慈悲に幾度となく繰り返される自然災害に対して、この変動帯に暮らす人々は「美意識」であろうと「享楽主義」であろうと、いずれにせよ「諦念」を持って災禍を忘れ、その悲しみや苦しみから逃れる道を選んできたのは確かだろう。変動帯からの試練に立ち向かうのではなく、それを甘受し、むしろその後の「日々の生活」に没頭することや、「復興」という前向きな響きを持つ行動に打ち込むことで、試練と共に暮らしてきたように思える。

「がんばれニッポン！」というスローガンも、このような諦念と刹那主義の表象のように思えてくる。さらに言えば、いくら災禍に見舞われてもなんとか存続している日本人の暮らしを、「自然との共生《ともいき》」といえばカッコはよいが、はっきり言って「無策」を決め込んでいるだけではなかろうか。

また、今後30年の地震発生確率が80％とも言われるこの国の首都では、一時は真剣に考慮されたかに見えた首都機能移転の議論はどこへやら、オリンピック開催の高揚感に溢れている。私には、これこそ先の小歌と同じ感性、すなわち刹那的享楽主義に見えて仕方がない。

一方で、日本と比べて圧倒的に自然災害が少なく、キリスト教の教えに基づいて自然を支配することが人間の使命だと思い込んできたヨーロッパでは、自然との付き合い方において、異なる方向へと人々は向かった。

例えば１７５５年に起きた大地震とそれに起因する大津波は、リスボンをはじめとしてポルトガルの沿岸都市やイングランド南部、北アフリカのモロッコなどに大被害を及ぼした。リスボン地震が引き起こした破局的な被害は、当時哲学者としての歩みを始めたばかりの、ドイツの思想家イマヌエル・カントにも大きな衝撃を与えた。

当時の社会では、地震のような災禍は神のとがめとする天譴論《てんけんろん》が主流であったのだが、カントは科学的事象としてこの地震や津波をとらえ、その原因を探る仮説を次々と発表したのだ。だからリスボン大地震は「地震学の始まり」として位置づけられている。

日本ではこのような自然を支配する意識は存在しない。ときおり牙を剝《む》く自然は畏敬の対象であり、同時に豊かな恵みを与えてくれる自然は、感謝の対象でもある。しかしこの独特の自然との付き合い方も、たかだか数千年の日本列島の人類史の中で成立したものだ。

この間に、巨大カルデラ噴火が起きていても、なんら不思議ではないし、もしそうであったら、はたしてこのような自然との付き合い方になっていたかどうか、はなはだ疑わしい。もちろん、その時点で「日本人」はほぼ消滅して、その後大陸などから渡ってきた人たちが、この列島に暮らしていたことは十分に考えられる。

これまで何度も述べたように、ひとたび起きれば日本喪失を引き起こす可能性の高い巨大カルデラ噴火は、現代日本で想定される自然災害の中でも最も危険度が高い「災害」のひとつである。この事態を前にして、もし今後も日本人の、言い換えると私たちの子々孫々の安寧《あんねい》を願うのであれば、これまで先人たちが築きあげてきた自然観、災害観は見直さねばならないのではなかろうか？

けっして私は、一神教世界のように自然を支配する風潮が、この国に必要だと主張しているわけではない。ただただ、変動帯からの恩恵に感謝しつつ、試練を最小限に抑えて、少なくとも日本という国家、日本人という民族が存続する術を考えたいだけだ。

私たち科学者は、なんとかマグマの状態を正確に捉えて、巨大カルデラ噴火をできるだけ正確に予測できるように全力をあげる。一方でみなさんは、まずこの世界一の変動帯、災害大国に暮らしていることをしっかりと認識して、覚悟をもって将来を考えていただきたい。

覚悟とは、けっして日本の伝統的な無常観に内在するような諦念ではない。また災害で無念な死を迎えることを美化することでもない。ましてや、目先の熱情や快楽に高揚感を求めることでは、災禍の悲しみを乗り越えることなどできるわけがない。

このようなことでは、厳父のごとき変動帯日本列島が当然のように与える未曾有《みぞう》の試練によって、この山紫水明の国と自然と共に穏やかに暮らす日本人は、やがては消滅することは確かである。覚悟とは、このような試練に立ち向かう策を講じることだ。

国家と民族の危急存亡の秋《とき》にあって、起死回生の策として期待したいのが、内閣官房への「災害局」の設置だ。内閣官房とは内閣の補助機関で、内閣総理大臣を直接に補佐・支援する機関である。ここでは内閣の庶務、内閣の重要政策の企画立案・総合調整、情報の収集調査などを担《にな》う。

現在官房には、国家安全保障局があり、国家安全保障に関する外交・防衛政策の基本方針・重要事項に関する企画立案・総合調整を行なっている。自然災害も国家安全保障と同様に、国家と国民の安全安心を守るためには、長期的展望に立った対応が不可欠であることは明瞭である。

災害局の任務は、地震、火山、気象現象などの災害を引き起こす現象の観測と先端研究の推進、災害大国にふさわしい倫理観の模索と教育の実施、長期的視野に立った減災対策の立案、それに災害時の適切な対応などであろう。このような大胆かつ多岐にわたる施策は、「省庁横断的な対応」では不可能だ。そして、一元的かつトップダウンで実行する組織が不可欠だ。他省庁と横並びの組織として設置したのでは、米国の連邦緊急事態管理庁（ＦＥＭＡ）がそうであったように、関連省庁に対する指揮権の混乱が生じる。

一見同じような防災省設置の提案は、全国知事会や関西広域連合、それに日本学術会議でもなされているし、先の自民党総裁選でも少し争点になった。しかし現状では、官邸側は「初動対応は内閣官房が一元的に総合調整を行うなど、省庁横断的な対応がなされており、平時から大きな組織を設ける積極的な必要性はただちに見いだしがたい」と素っ気ない。

これらの防災省設置についての議論の問題点は、その背景として、近年多発する水害や地震や、近い将来の南海トラフ巨大地震や首都直下型地震しか想定していないことだ。もちろん、これらも重要なターゲットではあるが、巨大カルデラ噴火を不可避の災害として認識し、今が国家と民族の危急存亡の秋であることを十分に理解して、行動に移すべきだ。そのためには、関連省庁に対して指示を出すことができる組織が不可欠だ。国家には、国民の安心と安全を確保する義務がある。

本文で触れた地球物理学者の寺田寅彦は、１９３３年３月３日に発生した昭和三陸大津波が、その37年前にも起きた明治三陸地震に伴う津波と同様に、多数の人命と多額の財物を奪い去ったことについて、「津波と人間」という随筆を記した。その中で彼は、次のように述べている。

しかし、少数の学者や自分のような苦労症の人間がいくら骨を折って警告を与えてみたところで、国民一般も政府の当局者も決して問題にはしない、というのが、一つの事実であり、これが人間界の自然方則であるように見える。自然の方則は人間の力ではまげられない。この点では人間も昆虫も全く同じ境界にある。それで吾々も昆虫と同様明日の事など心配せずに、その日その日を享楽して行って、一朝《いっちょう》天災に襲われれば綺麗にあきらめる。そうして滅亡するか復興するかは、ただその時の偶然の運命に任せるということにする外はないという棄鉢《すてばち》の哲学も可能である。

しかし、昆虫はおそらく明日に関する知識はもっていないであろうと思われるのに、人間の科学は人間に未来の知識を授ける。この点はたしかに人間と昆虫とでちがうようである。それで日本国民のこれら災害に関する科学知識の水準をずっと高めることが出来れば、その時にはじめて天災の予防が可能になるであろうと思われる。

読者諸氏の、覚悟をもった行動に期待してやまない。

著者略歴

一九五四年、大阪府に生まれる。日本の火山学の第一人者。理学博士。専門はマグマ学。一九七八年、京都大学理学部を卒業。八三年、東京大学大学院理学系研究科博士課程を修了。京都大学総合人間学部教授、同大学大学院理学研究科教授、東京大学海洋研究所教授、独立行政法人海洋研究開発機構（JAMSTEC）地球内部ダイナミクス領域プログラムディレクター、神戸大学大学院理学研究科教授を経て、二〇一六年、同大学海洋底探査センター教授となる。

二〇〇三年に日本地質学会賞、一一年に日本火山学会賞、一二年に米国地球物理学連合（AGU）N.L.ボーエン賞を受賞。

著書には『地球の中心で何が起こっているのか』『富士山大噴火と阿蘇山大爆発』（以上、幻冬舎新書）、『地震と噴火は必ず起こる』（新潮選書）、『なぜ地球だけに陸と海があるのか』『和食はなぜ美味しい』（以上、岩波書店）などがある。Yahoo!ニュース個人で連載中。

火山大国日本《かざんたいこくにっぽん》 この国《くに》は生《い》き残《のこ》れるか

——必《かなら》ず起《お》きる富士山大噴火《ふじさんだいふんか》と超巨大噴火《ちょうきょだいふんか》

二〇一九年一月一一日 第一刷発行

著者 巽《たつみ》 好幸《よしゆき》

発行者 古屋信吾

発行所 株式会社さくら舎 http://www.sakurasha.com

東京都千代田区富士見一-二-一一 〒一〇二-〇〇七一

電話 営業 〇三-五二一一-六五三三 FAX 〇三-五二一一-六四八一

編集 〇三-五二一一-六四八〇 振替 〇〇一九〇-八-四〇二〇六〇

装丁 長久雅行

カバー写真 VGL/Geoscience/AFLO

本文組版・図版 朝日メディアインターナショナル株式会社

印刷・製本 中央精版印刷株式会社

ISBN978-4-86581-182-7